U0186201

新型配电系统
技术与发展

国网河北省电力有限公司经济技术研究院 组编

中国电力出版社
CHINA ELECTRIC POWER PRESS

内 容 提 要

随着新型电力系统的建设，配电网技术、形态、功能发生较大变化。本书系统梳理了配电系统出现的源网荷储新元素和通信等新技术，分析总结了微电网、虚拟电厂、柔性配电网、综合能源、能源互联网等配电系统的新形态与发展趋势，梳理了未来配电系统的典型形态，并介绍了部分新型电力系统典型示范情况。本书旨在为配电网规划领域的技术咨询人员提供一本全面描述配电系统发展情况的科技书，希望为新型电力系统下配电系统形态演变提供积极有益的参考。

图书在版编目（CIP）数据

新型配电系统技术与发展/国网河北省电力有限公司经济技术研究院组编. —北京：中国电力出版社，2023.8
ISBN 978-7-5198-7872-6

Ⅰ. ①新… Ⅱ. ①国… Ⅲ. ①配电系统 Ⅳ. ①TM727

中国国家版本馆 CIP 数据核字（2023）第 092646 号

出版发行：中国电力出版社
地　　址：北京市东城区北京站西街 19 号（邮政编码 100005）
网　　址：http://www.cepp.sgcc.com.cn
责任编辑：陈　倩（010-63412512）
责任校对：黄　蓓　朱丽芳
装帧设计：郝晓燕
责任印制：石　雷

印　　刷：三河市万龙印装有限公司
版　　次：2023 年 8 月第一版
印　　次：2023 年 8 月北京第一次印刷
开　　本：710 毫米×1000 毫米　16 开本
印　　张：16.75
字　　数：269 千字
定　　价：78.00 元

编　委　会

主　任　冯喜春　陈志永
副主任　王　涛　刘　洋
委　员　张　菁　邵　华　王　峰　王　颖　胡　平
　　　　李洪涛　孙轶良　张　章　赵　辉　董　昕
　　　　王　畅　蒋　雨　戎士敏　吴　斌　赵　杰
　　　　王文宾　韩天华　杨海跃　赵　玮　邢志坤
　　　　唐宝锋　刘　航　柴小亮　刘雪飞　马国真
　　　　柴林杰　胡诗尧　邢　琳　刘　云　申永鹏
　　　　唐　帅　李光毅　赵海洲　谢延涛

编　写　组

主　编　贺春光　安佳坤
副主编　李更丰　靳小龙　黄玉雄　侯　恺
参　编　杨书强　侯若松　郝志方　赵子珩　赵子豪
　　　　檀晓林　赵　阳　郭　伟　范文奕　孙鹏飞
　　　　谢海鹏　侯　恺　孙　冰　董晓红　李文霄
　　　　梁菀笛　朱士加　樊会丛　曹　媛　翟广心
　　　　赵建华　连浩然　李　亮　王　聪　马会轻
　　　　冀建波　宋文乐　赵海东　杜宗伟　张　康
　　　　韩胜峰　冯　涛　张嘉睿　王　晗　闫泽辉
　　　　董紫珩　胡骞文　李云飞　梁　朔　张玉杰
　　　　刘志辉　卢玉舟

　　配电系统直接面向终端电能用户，是电力系统的重要组成部分，是保证供电质量、提高电网运行效率、创新用户服务的关键环节。近年来，随着新能源发电、电力电子等技术的发展和控制技术的进步，多形态发电设备、多类型储能、多端口电力电子设备、多元化负荷等各类源网荷储新要素在配电系统中逐步推广。同时，随着能源互联网建设和电力体制改革深入推进，配电系统涌现出多元互动、多能互补、灵活响应等新技术和综合能源、交直流互联等新型电网形态。配电系统的组成元素和技术形态正在发生重大变化。

　　目前，国内外学者先后提出了微电网、虚拟电厂、主动配电网、能源互联网、综合能源系统等一系列概念描述新型配电系统的技术形态，但均集中于对某一视角的侧面描述，缺少对配电系统组成元素与技术形态的全方面描述。本书系统梳理了配电系统出现的源网荷储新元素，分析总结了未来配电系统的新形态和典型区域形态差异，阐述技术应用情况。本书旨在为电力领域特别是配电网规划领域的技术咨询人员提供一本全面描述配电系统发展情况的科技书，希望为新型电力系统下配电系统形态演变提供积极有益的参考。

　　本书分为十五章，由国网河北省电力有限公司经济技术研究院联合西安交通大学、天津大学编写。第一至六章从源网荷储的通信和一、二次融合等 6 个方面系统梳理了新型配电系统的组成元素，明确了各类元素在配电系统中的典型应用场景。第七至十一章从微电网、虚拟电厂、柔性配电网、综合能源系统、能源互联网 5 个方面分析了新型配电系统发展的典型技术与发展趋势。第十二至十四章从配电系统形态演进历程、未来配电系统形态、典型区域未来配电系统形态 3 个方面分析了配电系统的发展方向。第十五章则介绍了新型配电系统典型示范情况，包括多站合一变电站、工业需求侧响应、典型微电网、综合能源微电网、交直流互联配电网等示范工程情况，是现有配电系统向新型配电系统转变的探索与尝试，旨在为相关研究人员提供参考。

在书稿编写过程中，编者以多种形式进行了广泛的意见征集和实地调研，认真听取和采纳了多方意见和建议，为本书的顺利完成打下了坚实基础。在此，谨对为本书编写工作付出辛勤努力和给予无私帮助的单位及个人表示由衷的谢意。由于水平所限，本书中难免有疏漏和不足之处，敬请读者批评指正。

编 者
2023 年 6 月

目 录

前言

第一章 电源侧技术发展 ……………………………………………… 1

  第一节 风力发电系统 ……………………………………………… 1

    一、集中式风电 …………………………………………………… 2

    二、分散式风电 …………………………………………………… 2

    三、景观风电 ……………………………………………………… 4

  第二节 光伏发电系统 ……………………………………………… 5

    一、集中式光伏 …………………………………………………… 5

    二、分布式光伏 …………………………………………………… 6

    三、光伏建筑一体化 ……………………………………………… 6

    四、景观光伏 ……………………………………………………… 7

  第三节 其他电源技术 ……………………………………………… 8

    一、潮汐发电 ……………………………………………………… 8

    二、生物质发电 …………………………………………………… 9

    三、地热发电 ……………………………………………………… 10

    四、微型燃气轮机 ………………………………………………… 11

  参考文献 …………………………………………………………… 11

第二章 储能技术发展 ……………………………………………… 13

  第一节 化学储能 …………………………………………………… 13

    一、锂离子电池储能 ……………………………………………… 13

    二、铅碳电池储能 ………………………………………………… 14

    三、钠硫电池储能 ………………………………………………… 15

    四、钒液流电池储能 ……………………………………………… 15

五、金属—空气电池储能 ······················16

六、氢储能 ···································17

七、热电化学储能 ····························17

第二节 物理储能 ······························18

一、压缩空气储能 ····························18

二、飞轮储能 ·······························19

三、相变储能 ·······························20

第三节 电磁储能 ······························20

一、超导储能 ·······························21

二、超级电容器储能 ··························21

参考文献 ·······································22

第三章 电力电子设备技术发展 ·······················24

第一节 智能软开关 ····························24

一、技术概述 ·······························24

二、技术优势 ·······························25

三、适用场合 ·······························26

四、发展趋势及待攻克问题 ····················26

第二节 电力电子变压器 ·······················27

一、技术原理 ·······························27

二、PET 的拓扑结构及分类 ···················28

三、技术优势 ·······························30

四、发展趋势及待攻克问题 ····················31

第三节 多端口变换器 ··························32

一、技术原理 ·······························32

二、多端口变换器拓扑结构及其分类 ·············33

三、技术优势 ·······························34

四、发展趋势及待攻克问题 ····················34

第四节 电能路由器 ····························35

一、技术原理 ·······························35

二、技术优势 ·······························35

三、电能路由器的应用及关键技术 ······················· 37

四、发展趋势及待攻克问题 ····························· 38

参考文献 ··· 39

第四章　负荷侧技术发展 ······························· 41

第一节　电动汽车及充换电设施 ······················· 41

一、慢充与快充技术 ··································· 41

二、换电技术 ··· 42

三、无线充电技术 ····································· 43

四、车辆到电网（V2G）技术 ·························· 44

五、有序充电 ··· 45

第二节　电采暖设施 ··································· 46

一、集中式电采暖 ····································· 46

二、分散式电采暖 ····································· 48

三、新型清洁采暖 ····································· 50

第三节　多能转换设备 ································· 52

一、冷热电三联供 ····································· 52

二、电转气（P2G） ··································· 53

三、余热锅炉 ··· 54

四、冰蓄冷空调 ······································· 55

第四节　需求侧响应技术 ······························· 55

一、需求侧响应的内涵 ································· 55

二、需求侧响应技术模型 ······························· 57

三、需求侧响应市场框架 ······························· 57

第五节　综合需求侧响应技术 ··························· 58

一、综合需求响应的概念 ······························· 59

二、综合需求响应模型 ································· 59

三、综合需求响应优化运行技术 ······················· 60

四、综合需求响应的市场机制 ························· 61

参考文献 ··· 62

第五章　配电网通信技术发展 ································· 64

　第一节　有线通信技术 ································· 64

　　一、光纤通信 ································· 64

　　二、RS-485 通信 ································· 66

　　三、HPLC 通信 ································· 67

　第二节　无线通信技术 ································· 70

　　一、微功率无线通信 ································· 70

　　二、Wi-Fi 通信 ································· 71

　　三、远距离无线电（LoRa） ································· 73

　　四、无线传感器网络 ································· 75

　第三节　5G 移动通信技术 ································· 76

　　一、技术原理 ································· 76

　　二、适用场景 ································· 77

　　三、关键制约因素 ································· 79

　　四、发展趋势 ································· 79

　第四节　北斗技术 ································· 79

　　一、技术原理 ································· 79

　　二、适用场景 ································· 80

　　三、关键制约因素 ································· 81

　　四、发展趋势 ································· 81

　参考文献 ································· 82

第六章　配电网一、二次融合技术发展 ················· 83

　第一节　智能配电终端 ································· 83

　　一、技术原理 ································· 83

　　二、适用场合 ································· 83

　　三、技术关键制约因素 ································· 85

　　四、发展趋势及待攻克问题 ································· 86

　第二节　非侵入式量测装置 ································· 86

　　一、技术原理 ································· 86

　　二、适用场合 ································· 87

三、技术关键制约因素 ··· 88

四、发展趋势及待攻克问题 ····································· 89

第三节 带电作业机器人 ·· 90

一、技术原理 ··· 90

二、适用场合 ··· 93

三、技术关键制约因素 ··· 93

四、发展趋势及待攻克问题 ····································· 94

参考文献 ··· 95

第七章 微电网技术发展 ··· 96

第一节 微电网技术概述 ·· 96

一、微电网的概念 ··· 96

二、微电网特征 ·· 96

三、微电网功能与分类应用 ····································· 97

第二节 微电网关键技术 ·· 98

一、规划设计技术 ··· 98

二、运行控制技术 ··· 99

三、项目评估技术 ··· 99

第三节 国内外实例研究 ··· 100

一、国外微电网实例研究 ······································ 100

二、国内微电网实例研究 ······································ 101

参考文献 ·· 103

第八章 虚拟电厂技术发展 ··· 104

第一节 虚拟电厂技术概述 ··· 104

一、虚拟电厂的概念 ·· 104

二、虚拟电厂的功能作用 ······································ 105

三、虚拟电厂的典型控制架构 ·································· 106

四、虚拟电厂概念解析 ·· 107

第二节 虚拟电厂关键技术 ··· 108

一、信息通信技术与优化控制策略 ····························· 108

二、运行调度技术 ·· 109

　　　三、电力市场交易技术 ……………………………………… 110

　第三节　虚拟电厂实例研究 …………………………………… 111

　　　一、国外虚拟电厂实例研究 ………………………………… 111

　　　二、国内虚拟电厂实例研究 ………………………………… 115

　参考文献 ……………………………………………………… 116

第九章　柔性配电网技术发展 ………………………………… 118

　第一节　柔性配电网技术概述 ………………………………… 118

　　　一、柔性配电网的概念 ……………………………………… 118

　　　二、柔性配电网的拓扑结构 ………………………………… 120

　　　三、柔性配电网的特征 ……………………………………… 123

　第二节　柔性配电网的关键技术 ……………………………… 124

　　　一、关键设备及功能 ………………………………………… 124

　　　二、分层协调运行策略 ……………………………………… 127

　　　三、典型运行方式 …………………………………………… 129

　第三节　柔性配电网实例研究 ………………………………… 131

　　　一、国外柔性配电网实例研究 ……………………………… 131

　　　二、国内柔性配电网实例研究 ……………………………… 131

　参考文献 ……………………………………………………… 132

第十章　综合能源系统技术发展 ……………………………… 134

　第一节　综合能源系统概况 …………………………………… 134

　　　一、综合能源系统的基本概念 ……………………………… 134

　　　二、综合能源系统的分类及特点 …………………………… 135

　　　三、综合能源系统的功能作用 ……………………………… 136

　第二节　综合能源系统关键技术 ……………………………… 138

　　　一、规划设计技术 …………………………………………… 138

　　　二、运行控制技术 …………………………………………… 140

　　　三、信息安全技术 …………………………………………… 141

　　　四、商业运营技术 …………………………………………… 141

　第三节　国内外发展情况 ……………………………………… 142

　　　一、国外综合能源系统发展情况 …………………………… 142

　　二、国内综合能源系统发展情况 ……………………………………144

　　参考文献 ……………………………………………………………144

第十一章　能源互联网技术发展 …………………………………………146

　第一节　能源互联网技术概况 …………………………………………146

　　一、能源互联网概念 ………………………………………………146

　　二、能源互联网市场主体 …………………………………………147

　　三、能源互联网类型 ………………………………………………149

　　四、能源互联网功能作用及特征 …………………………………150

　　五、能源互联网概念辨析 …………………………………………151

　第二节　能源互联网关键技术 …………………………………………151

　　一、规划设计技术 …………………………………………………151

　　二、市场交易技术 …………………………………………………153

　第三节　国内外实例研究 ………………………………………………155

　　一、国外能源互联网实例研究 ……………………………………155

　　二、国内能源互联网实例研究 ……………………………………156

　　参考文献 ……………………………………………………………158

第十二章　配电系统形态演进历程 ………………………………………159

　第一节　配电网现状 ……………………………………………………159

　　一、配电网特点 ……………………………………………………159

　　二、配电网新形态 …………………………………………………159

　第二节　配电系统形态演进 ……………………………………………160

　　一、"三阶段"演进过程 …………………………………………160

　　二、配电系统形态比较 ……………………………………………163

　　参考文献 ……………………………………………………………165

第十三章　未来配电系统形态 ……………………………………………166

　第一节　电源形态 ………………………………………………………166

　　一、综合能源系统 …………………………………………………166

　　二、分布式能源 ……………………………………………………167

　第二节　网架形态 ………………………………………………………168

　　一、微电网与大电网协调配合 ……………………………………169

二、分层分群协调发展 ………………………………………… 170

三、交直流混联 ………………………………………………… 172

第三节 负荷形态 …………………………………………………… 173

第四节 储能形态 …………………………………………………… 176

一、多样化储能 ………………………………………………… 176

二、规模化储能 ………………………………………………… 177

第五节 二次侧形态 ………………………………………………… 178

一、技术介绍 …………………………………………………… 179

二、影响作用 …………………………………………………… 180

参考文献 ……………………………………………………………… 182

第十四章 典型区域未来配电系统形态 ……………………………… 183

第一节 中心城市未来配电系统 …………………………………… 183

第二节 小型城镇 …………………………………………………… 185

第三节 工业园区 …………………………………………………… 187

第四节 乡村地区 …………………………………………………… 189

参考文献 ……………………………………………………………… 191

第十五章 新型配电系统发展典型示范 ……………………………… 193

第一节 多站合一变电站示范 ……………………………………… 193

一、项目背景 …………………………………………………… 193

二、解决方案 …………………………………………………… 193

三、效益分析 …………………………………………………… 199

第二节 工业需求侧响应典型示范 ………………………………… 199

一、项目背景 …………………………………………………… 199

二、解决方案 …………………………………………………… 201

三、效益分析 …………………………………………………… 204

第三节 渔光互补典型微电网示范 ………………………………… 205

一、项目背景 …………………………………………………… 205

二、解决方案 …………………………………………………… 206

三、效益分析 …………………………………………………… 210

第四节 典型山区微电网示范 ……………………………………… 211

    一、项目背景 ·· 211

    二、解决方案 ·· 212

    三、效益分析 ·· 214

第五节 基于数据驱动的典型微电网 ·················· 215

    一、项目背景 ·· 215

    二、解决方案 ·· 217

    三、效益分析 ·· 219

第六节 微电网群调群控示范 ························· 220

    一、项目背景 ·· 220

    二、解决方案 ·· 221

    三、效益分析 ·· 228

第七节 综合能源微电网典型示范 ·················· 229

    一、项目背景 ·· 229

    二、解决方案 ·· 231

    三、效益分析 ·· 237

第八节 交直流互联柔性配电网典型示范 ·········· 238

    一、项目背景 ·· 238

    二、解决方案 ·· 241

    三、效益分析 ·· 248

参考文献 ·· 249

第一章 电源侧技术发展

我国幅员辽阔，海岸线长，风能资源比较丰富。全国陆上 50m 高度层平均风功率密度不小于 $300W/m^2$ 的风能资源理论储量约为 73 亿 kW 风力资源具有较大的开发利用价值。同时，我国属于太阳能资源丰富的国家之一，全国总面积 2/3 以上地区年日照时数大于 2000h、年辐射量在 $5000MJ/m^2$ 以上。中国陆地面积每年接收的太阳辐射总量为 $3.3×10^3～8.4×10^3MJ/m^2$，相当于 $2.4×10^4$ 亿 t 标准煤的储量，但太阳能资源地区差异较大。

随着"双碳"目标的提出和以新能源为主体的新型电力系统建设，传统化石能源向可持续能源转变，以风、光为代表的新能源发展迅速。目前，按照发电规模和用途，风力发电系统主要包括集中式风电、分散式风电和景观风电等类型；光伏发电系统主要包括集中式光伏、分散式光伏、光伏幕墙和景观光伏等类型。此外，为适应能源互联网发展需求，潮汐发电、生物质发电、地热发电、微型燃气轮机等其他电源技术的使用逐步增加，使得配电系统电源类型更加丰富。本章重点概述了风力发电、光伏发电等发展成熟、应用广泛的新能源发电技术，并简要介绍了潮汐发电、生物质发电、地热发电和微型燃气轮机等新型发电技术。

第一节 风 力 发 电 系 统

风力发电是将风的动能转化为电能的一种发电方式，主要通过在风力发电机上装配不同形式的叶片，叶片受到风力作用推动风轮旋转，风轮通过主轴带动发电机，从而将风轮的机械能转化成为电能。

一、集中式风电

集中式风电通常由一定数量的风电机组组成，机组之间通过架空线路或电缆连接，机组输出功率经汇集升压后通过交流或直流线路送入电网和负荷中心。集中式风电主要位于风力资源丰富且远离城镇中心的区域。

根据风轮主轴在空间所处的位置，风力发电机（简称风机）分为水平轴风机和垂直轴风机。其中，水平轴风机由于风能利用系数较高，是目前的主流风机，单机容量已达 5MW，已经实现了商业推广和大规模应用，如图 1-1 所示。

图 1-1　集中式风电—水平轴风机

尽管水平轴风机已经应用成熟，但仍存在一定缺陷，例如，水平轴风机的启动风速较大，几乎无法在中低风速地区使用；水平轴风机内部加装了偏航装置，可以使其工作时转轴与风向一致，但噪声污染大；机舱位于风机塔架的顶端，安装与维护费用昂贵；叶片的结构形式复杂，对叶片加工精度与安装精度要求较高，加工费用较高。

二、分散式风电

分散式风电是指位于负荷中心附近、不以大规模远距离传输电力为目的、所产生电力既可自用也可就近接入当地电网进行消纳的风电项目。分散式风电项目总装机容量一般为 6～50MW，项目容量较小。分散式风电具有风机占地面积小、建筑周期短、低风速启动且选址灵活等特点，其机型以新型垂直轴风机和无叶片风机为主。分散式风电一般位于地形平坦、建设条件较好、接入距离较近的地方。

（一）新型垂直轴风机

初期，垂直轴风机采用圆弧型双叶片的结构（Φ型结构），由于受风面积小、启动风速高等原因，一直未得到大规模发展。随着技术的发展，人们开发了新型垂直轴风机（H型结构），具有风能利用率高、启动风速低、基本无噪声等优点。

新型垂直轴风机如图1-2所示，该风机采用垂直叶片，由4角形或5角形轮毂固定，通过连接叶片的连杆组成风轮；由风轮带动稀土永磁发电机发电，由控制器进行优化控制。新型垂直轴风机充分应用了空气动力学原理，叶片选用飞机翼形形状，确保风轮旋转时，发电效率不会因变形而改变。

图1-2　分散式风电—新型垂直轴风机

新型垂直轴风机无需对风，在风速达到1m/s时即可启动发电，同时具有占地面积小、便于维修、环境适应能力强等特点，在风力资源不丰富的地区和小型城镇、工业园区和农村地区中均有良好的应用效果。

（二）无叶片风机

无叶片风机利用卡门涡街原理捕获风能发电，通过无叶片风机与风速"同步"的共振，将振荡最大化并捕获振荡的机械能量，进而利用该机械能发电。如图1-3所示，桅杆形状的无叶片风机包括一根固定的桅杆、半刚性的玻璃纤维圆柱体和一台发电机。其中，发电机是一套由电磁耦合装置组成的系统，没有齿轮机构；发电机和桅杆之间没有彼此连接的活动部件。整个系统维护成本较低。

图 1-3　分散式风电—无叶片风机

无叶片风机具有制造成本低、维护费用少、占地面积小、运行噪声小、无需对风、对环境的安全影响较低等特点，适应范围较广，但无叶片风机的风能利用效率较传统风力涡轮发电机约低 30%，并且技术尚未成熟。

三、景观风电

景观风电将景观设计学与风力发电融合在一起，综合考虑人工、空间、环境在内的多重要素，使得风电机组与周围事物和谐呼应，风机兼具实用和美观两种特性。景观风电一般是针对小型垂直轴风机而言的。图 1-4 列出了两类景观风力发电机。

图 1-4　景观风机

第二节 光伏发电系统

光伏发电系统（简称光伏），是指利用光伏电池的光生伏特效应，将太阳辐射能直接转换成电能的发电系统。光伏电池由半导体材料制成，太阳光照射时，辐射能被光伏电池吸收并转移给半导体材料原子中的电子，形成回路电流，从而实现发电。光伏电池之间通过相互的串联或并联形成光伏发电组件，然后通过并网逆变器与相关附加设备并网发电。

一、集中式光伏

大型集中并网光伏电站占地面积广阔，投资规模较大，通常建在沙漠、戈壁等地区，以充分利用废弃的土地资源。集中式光伏电站（如图 1-5 所示）由大量光伏组件集合而成，容量可达数十兆瓦。

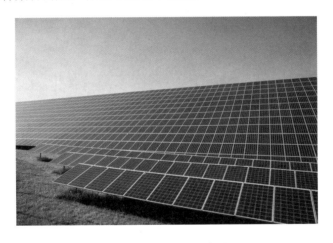

图 1-5 集中式光伏电站

集中式光伏电站的优点包括：①光伏出力稳定性较高，削峰作用明显；②运行方式较为灵活，便于进行无功和电压控制，易实现电网频率调节；③环境适应能力强，不需要水源、燃煤等原料保障；④运行成本低，便于集中管理。

集中式光伏电站也存在以下缺点：①需要长距离输电线路送电并网，投资较高；②对电网影响较大，线路损耗、电压跌落、无功补偿等问题更为凸显；③涉网性能要求较高，需要具备功率预测、有功和无功控制、低电压穿越等功能。

二、分布式光伏

分布式光伏指接入 35kV 及以下电压等级电网、位于用户附近、以就地消纳为主的光伏发电设施。分布式光伏多安装在工商业用户、农村居民的屋顶或附属场地，单位兆瓦占地面积较大。

屋顶光伏系统是附着在建筑物上的光伏发电系统，不破坏或削弱原有建筑物的功能，是目前应用最为广泛的分布式光伏发电系统之一。屋顶光伏系统也称为"安装型"光伏建筑（building attached photovoltaic，BAPV），如图 1-6所示。

图 1-6 分散式光伏—屋顶光伏系统

分散式光伏发电的优点包括：①输出功率相对较小，单个项目容量一般在数千瓦以内，施工周期短，投资收益率高；②环保效益突出，污染小，没有噪声，也不会对空气和水产生污染。

分散式光伏发电的缺点包括：①光伏板面积有限，对太阳能的利用率不高；②电压和无功调节困难，短路电流也将增大；③建设主体多，存在运维复杂、安全风险高等问题。

三、光伏建筑一体化

光伏建筑一体化（building integrated photovoltaic，BIPV）是将光伏产品集

成到建筑上的技术。不同于 BAPV，BIPV 中的光伏组件不仅需要满足光伏发电的功能需求，同时还要兼顾建筑的基本功能要求。BIPV 把太阳能纳入现代建筑的总体设计中，赋予了建筑物新的功能和属性，是未来太阳能光伏发电技术与建筑节能发展的主流方向。

BIPV 具有以下优点：①结构简单、安装容易，同时能有效利用建筑外表面（如屋顶和墙面），无需另外占用土地，大大节省了土地资源；②光伏发电电能就地利用，减少了因传输过程带来的线路损耗；③夏天能有效降低墙面和屋顶过高的温度，改善室内环境。

BIPV 适合于中心城区较多的高层建筑，采用光伏幕墙形式，充分利用高层建筑的侧面增大受光面积，如图 1-7 所示。

图 1-7　光伏一体化建筑—光伏幕墙

目前 BIPV 面临建设成本高的问题，虽然有国家的财政扶持，但要真正实现全国范围的推广应用，通过技术创新降低建造成本是重中之重。

四、景观光伏

近年来，光伏逐渐摒弃单一的设计模式和材料选择，逐步向符合城市景观美学的角度发展，创造具有经济和美观双重价值的景观光伏。光伏树作为一类典型的景观光伏，一棵光伏树可抵 $400m^2$ 地面电站发电量，如图 1-8 所示。

景观光伏主要分为材料与构件两个设计层次，前者着重体现色彩和质感，后者着重体现形态与功能。随着光伏技术的逐渐成熟与市场推广，景观光伏的材料和构件更加适应应用需求。

图 1-8 景观光伏—光伏树

光伏构件的设计分为景观界面、景观雕塑、景观功能体三部分。其中，景观界面可以分为水平面和垂直面两个界面，较大的可利用界面一般出现在城市中的大型建筑物上，通常为屋顶面及墙面；景观雕塑则主要在构件表面采用光伏材料，以保证光伏硅片具备基本使用效率，此类作品可以以单独、成群或序列的方式表现其艺术形象；景观功能体主要是指利用光伏采光面的构件特性，形成具有围闭性的空间。根据不同的围闭性需求、透光性需求及功能需求，设计太阳能景观，如太阳能停车棚、景观亭、休息场所等，让其同时具备发电和使用功能。

第三节 其 他 电 源 技 术

一、潮汐发电

潮汐发电原理与普通水力发电原理类似，在涨潮时将海水储存在水库内，以势能的形式保存；在落潮时放出海水，利用高、低潮位之间的落差，推动水轮机旋转，带动发电机发电。

潮汐能是一种清洁无污染、不影响生态平衡的可再生能源，能量只受地月运动影响，只要涨退潮的幅度明显、海岸地形能储蓄大量海水并可进行土建，就可以修建电站。潮汐能很少受气候、水文等其他自然因素的影响，不存在枯水年和枯水期；发电不用燃料，运行费用较低。虽然潮汐发电技术已经逐步成熟，但开发成本高，目前尚未被广泛使用。

潮汐电站站址选择的最主要因素是潮汐条件。潮汐能的强度与潮差有关，一般来说，潮差在 3m 以上就有实际利用价值，理想的潮差最好大于 5m。潮汐电站站址的选择还应考虑地貌条件等因素，优先选择口门小、水库水域面积大、可以储备大量海水、适宜进行土建工程的地域。近海（距海岸 1km 以内）、水深在 20～30m 的水域为理想海域。现有潮汐发电示范项目多位于海湾、河口、湾中湾、泻湖和围塘等地形，其中湾中湾地形较多。

二、生物质发电

生物质能是以生物质为载体的能量，将太阳能以化学能形式储存在生物质中。生物质能发电的主要形式包括生物质直接燃烧发电、沼气发电、生物质气化发电等。图 1-9 为生物质发电站实景图。

图 1-9 生物质发电站

相对于风、光等其他可再生能源，生物质发电具有电能质量好、可靠性高等优点，可以作为小水电、风电、太阳能发电的补充能源。但生物质能发电的发电运营成本高于常规能源，约为煤电的 1.5 倍，且相关技术和行业标准仍不完善，我国的生物能源产业尚处于初步发展阶段。生物质能发电主要适用于小型城镇、工业园区和农村地区。

三、地热发电

地热能利用分为直接利用和发电利用两种形式。其中，蒸汽田等地热井出口参数较高的地热田，可采用发电利用形式；中、低温地热资源可采用直接利用形式。图 1-10 为地热发电站的实景图。

图 1-10 地热发电站

地热能分布范围广阔、蕴藏含量丰富，具有单位造价低、建造周期短等特点。但地热能一次建设投资成本大、容易受地域环境的限制，且存在热效率低、空气污染等问题。制约地热发电的因素主要包括以下三个方面：

（1）地热回灌。将经过地热利用的水源或其他流体通过地热回灌井重新注回热储层段，回灌可以较好地解决地热废水问题，还可改善或恢复热储的产热能力，保持热储的流体压力，维持地热田的开采条件。但地热回灌技术要求复杂、成本较高，存在水质渗透等问题。

（2）地热田的腐蚀。地热流体中含有溶解氧（O_2）、$H+$、Cl^-、H、S、CO_2、NH_3 和 SO_2 等化学物质，具有较强的腐蚀性。考虑地热流体的温度、流速、压力等因素的影响，地热流体对各金属表面都会产生不同程度的影响，直接影响设备的使用寿命。

（3）地热田的结垢。地热水资源中矿物质含量较高，做功过程中温度和压力均发生较大变化，将影响各种矿物质的溶解度，导致矿物质从水中析出产生沉淀结垢。井管内结垢将影响地热流体的采量，加大管道内的流动阻力，增加能耗。

四、微型燃气轮机

微型燃气轮机是指功率数百千瓦以下，以天然气、甲烷、汽油、柴油为燃料的超小型燃气轮机。与其他发电技术相比，微型燃气轮机通过回热等有效措施，可以提高系统热转动效率。目前，微型燃气轮机发电效率已从 17%～20% 上升到当前的 26%～30%，但依然远小于大型集中式供电站和其他类型的分布式发电技术。

微型燃气轮机具有污染小、结构简单、故障率低、可靠性高、投资风险小、循环寿命成本低、安装时间短、工作寿命长等优点。微型燃气轮机的输出功率与燃料量有关，可以实现有功功率的运行控制。图 1-11 给出了微型燃气轮机的并网示意图。

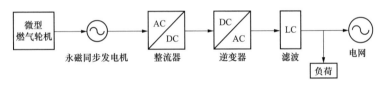

图 1-11 微型燃气轮机组并网示意图

微型燃气轮机的主要应用场所包括：①废气燃烧地点；②需要提供临时和长期电力的地点；③需要提高电能质量和供电可靠性的场所；④要求联合提供热电冷服务的地点。由变流转换装置并网的微型汽轮机，存在因电力电子设备整流逆变带来的谐波污染问题。

微型燃气轮机现已广泛应用于分布式供电、热电联供和车辆混合动力技术中。近年来，我国虽然在微型燃气轮机发电机组方面进行了大量的研究工作，掌握了一定的技术，但距大范围推广仍缺乏一定的政策支持和应用基础。

参 考 文 献

[1] 中国风能资源的详查和评估 [J]. 风能，2011（8）：26-30.

[2] 沈义. 我国太阳能的空间分布及地区开发利用综合潜力评价 [D]. 兰州大学，2014.

［3］胡业发，许开国，张锦光，等．磁悬浮风力发电机用磁力轴承的分析与设计［J］．轴承，2008（7）：6-10．

［4］陈磊军．车载水平轴风力机气动性能与噪声特性的研究［D］．湖南：湖南大学，2020．

［5］李文升．垂直轴风力机发展现状［J］．今日科苑，2010（18）：155．

［6］光伏电站分布式并网与集中式并网的区别［J］．电力勘测设计，2012，（2）：36．

［7］肖潇，李德英．太阳能光伏建筑一体化应用现状及发展趋势［J］．节能，2010，29（2）：12-18．

［8］张萌萌．光伏技术景观化研究［D］．曲阜师范大学，2016．

［9］李书恒，郭伟，朱大奎．潮汐发电技术的现状与前景［J］．海洋科学，2006（12）：82-86．

［10］黄英超，李文哲，张波．生物质能发电技术现状与展望［J］．东北农业大学学报，2007（2）：270-274．

［11］世界地热发电动向［J］．国际电力，1997（4）：30-34．

［12］高学伟，李楠，康慧．地热发电技术的发展现状［J］．电力勘测设计，2008（3）：59-62，80．

［13］孙可，韩祯祥，曹一家．微型燃气轮机系统在分布式发电中的应用研究［J］．机电工程，2005（8）：55-60．

第二章　储能技术发展

新能源发电具有随机性、波动性的特点，其大规模发展对电力系统调峰能力和安全稳定运行带来较大挑战。电能可以转换为化学能、势能、动能、电磁能等形态进行存储。随着技术的发展，大规模配置集中式或分布式储能设施，逐渐成为提高清洁能源消纳率、提升能源利用效率的重要手段。近年来，储能技术取得长足的发展进步，储能安全性、循环寿命和能量密度等关键技术指标得到大幅提升，应用成本快速下降，在配电系统中得到了广泛的应用。根据电能存储方式，储能技术主要分为化学储能、物理储能和电磁储能三类。不同类型储能设备的工作原理、能量密度、应用前景各不相同，在配电网中的功能作用也有差异，为配电系统的灵活运行调控带来更多机遇。本章重点介绍常见的储能技术原理、发展现状及应用前景等。

第一节　化　学　储　能

化学储能是目前发展最快的储能技术之一，常见的化学储能包括锂离子电池、铅炭电池、钠硫电池和钒液流电池等蓄电池储能及金属—空气电池、氢储能、热电化学储能等。其中，大容量蓄电池储能技术已在安全性、转换效率和经济性等方面取得重大突破，进入工程示范和推广应用阶段；金属—空气电池、氢储能和热电化学储能等技术尚未成熟，但发展前景值得关注。

一、锂离子电池储能

锂离子电池是以含锂的化合物做正极，通过锂离子在电池正负极之间的往返脱嵌和嵌入实现充放电的一种电池。根据所用电解质，锂离子电池分为高温熔融盐锂电池、有机电解质锂电池、无机非水电解质锂电池、固体电解质锂电池、锂水电池等。

锂电池具有体积小、能量密度高（200～400kWh/m³）、循环寿命长（深度充放电可达 1000 次以上）、充放电效率高（90%以上）、储存寿命长（可达 10 年）、高低温性能好（可在－20～75℃环境下使用）、响应速度快、自放电小、环境友好等优点，但存在造价较高、电压滞后等问题。同时，锂电池的安全问题仍是不可忽视的难题。单个锂离子电池最薄可到 0.5mm，并且可根据产品需求，灵活设计电池造型。

近年来，锂离子电池正处于蓬勃发展时期，锂离子电池在航空航天、新能源＋储能、新能源汽车等领域均有应用。

二、铅碳电池储能

铅碳电池存在能量密度较低、续航时间短、自放电率高、循环寿命短、运行成本较高等劣势，但存在初始成本低和生产条件、配销网络、回收利用体系完善等优势。

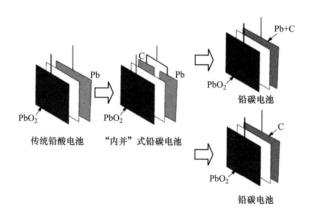

图 2-1　铅碳电池示意图

铅碳电池是新一代铅酸电池（如图 2-1 所示），通过在铅酸电池的负极加入具有双电层电容特性的活性碳，将铅酸电池的比能量（即电池单位质量或单位体积所具有的有效电能量）优势和超级电容器大容量充放电的优点相融合。铅炭电池具有储能容量大、成本低（150～200 美元/kWh）、维护简单、快速充放电、浅充放循环寿命长（10%DOD，10000 次以上）、安全性好、能量转化效率高、原材料资源丰富等优势。较传统铅酸电池，铅炭电池更适应混合动力汽车（hybrid electric vehicle，HEV）、插电式混合动力汽车（plug-in hybrid electric vehicle，PHEV）等发展需求。

铅炭电池具有良好的发展前景，未来技术发展多聚焦于复合电极、耐腐蚀合金板栅/正极材料、高倍率部分荷电态下负极硫酸盐化等关键技术。

三、钠硫电池储能

钠硫电池通常由正极、负极、电解质、隔膜和外壳等几部分组成。一般采用液态金属钠作为负极活性物质，液态硫作为正极活性物质。由于硫是绝缘体，多将硫填充在导电的多孔碳或石墨毡中。固体电解质兼隔膜采用专门传导钠离子的 Beta－氧化铝陶瓷材料，外壳则采用不锈钢等金属材料。

钠硫电池具有如下优点：①比能量较高，钠硫电池理论比能量为 760Wh/kg，实际工程中已大于 150Wh/kg，是铅酸电池的 3～4 倍；②钠硫电池可大电流、高功率放电，钠硫电池放电电流密度可达 200～300mA/cm^2，并可瞬时放出其 3 倍的固有能量；③充放电效率高，由于采用固体电解质，钠硫电池没有液体电解质的自放电及副反应，充放电效率几乎为 100%。但钠硫电池也存在如下不足：①钠硫电池工作温度在 300～350℃，电池工作时需要一定的加热保温；②液态钠与硫直接接触时会发生剧烈的放热反应，钠硫电池使用时要充分考虑安全性问题。

目前钠硫电池市场基本被日本 NGK 公司垄断，制造成本、长期运行的可靠性和安全性是制约钠硫电池产业化的关键所在。此外，室温钠硫电池、钠金属电池等新型技术在钠离子电池家族中表现出较强的竞争力。

四、钒液流电池储能

全钒液流电池以溶解于一定浓度硫酸溶液中的不同价态的钒离子为正负电极反应活性物质，通过外接泵将电解液从储液罐压入电池堆体内并完成电化学反应，是应用较多、技术较为成熟的一种液流电池。

全钒液流电池具有如下优点：①自放电低，在系统处于关闭模式时，储罐中的电解液无自放电现象；②能量效率高，可达 75%～80%，性价比较高；③启动速度快，当电堆中充满电解液时，全钒液流电池可在 2min 内启动，在运行过程中只需 0.02s 即可完成充放电状态切换；④应用范围较广，全钒液流电池配置灵活，既适用于大容量储能，也可平滑风电场输出功率波动、配合风光并网发电等；⑤安全性较高，全钒液流电池其活性物质存在于电解液中，反应过程不会产生氢气等气体，无爆炸等风险隐患，也不会有短路故障的问题。

全钒液流电池存在如下不足：①能量密度低，目前产品能量密度大概 40Wh/kg；②电池对温度变化较为敏感，目前产品工作温度范围为 5～45℃，温度过高或过低都需要调节；③成本较高，全钒液流电池由于产业化规模不足、材料受限等因素，成本较为昂贵。

全钒液流电池未来技术发展侧重于高选择性、低渗透性的离子膜，高导电率的电极材料，提高工作电流密度和电解质的利用率等，以提高电池效率并降低成本。

五、金属—空气电池储能

金属—空气电池以活泼金属作为负极活性物质，以空气中的氧气作为正极活性物质，氧气通过气体扩散电极❶到达气液固三相界面，并与金属负极反应而放出电能。目前，按使用金属不同金属—空气电池大致分为锌—空气电池、铝—空气电池、镁—空气电池和锂—空气电池 4 类，其中锌—空气电池和锂—空气电池发展前景相对较好。

根据分类方法不同，金属—空气电池还可以分为碱性和中性两种系列、湿式和干式两大类。其中，湿式电池只有碱性一种，采用氢氧化钠为电解液，价格低廉，多制成大容量（100A·h 以上）固定型电池供铁路信号用。干式电池则有碱性和中性两种。中性空气干电池原料丰富、价格低廉，但只能在小电流下工作。碱性空气干电池可大电流放电，比能量大，连续放电性能好，但空气干电池受环境湿度影响，使用周期短，可靠性较差，无法在密封状态下使用。

金属—空气电池存在性能优良、结构简单、安全可靠、绿色环保、容量大、能量密度高、放电平稳、成本低等优点，有望在新能源汽车、便携式设备、固定式发电装置等领域获得应用。但由于金属—空气电池一般采用活性较高的金属作为阳极，在酸性、碱性甚至中性盐溶液中极易发生腐蚀，产生放电现象，

---

❶ 气体扩散电极：一种特制的多孔膜电极，由于大量气体可以达到电极内部，且与电极外面的整体溶液（电解质）相连通，可以组成一种三相（固、液、气）膜电极。

大大降低金属—空气电池容量。

金属—空气电池的未来发展趋势包括以下几个方面：①阳极合金化。在阳极金属中添加电位较高的金元素，抑制阳极析氢反应，减少阳极金属的腐蚀；②依据阳极金属材料，选择合适的电解质。从金属活动顺序看，钠＞锂＞镁＞铝＞锌＞铁，当钠及锂金属作为阳极时，由于这两种金属在水相中不能稳定存在，一般选用有机电解质，此时需考虑有机电解质的稳定性，避免金属空气电池充放电过程中发生分解；镁、铝、锌、铁等作为阳极时，则以碱性或者中性盐等水相溶液为电解质，此时需考虑水相溶液酸碱度及添加物等对金属阳极腐蚀的影响；③金属—空气电池阴极采用空气扩散电极，需开发催化性能好、成本低、易产业化的催化材料。

六、氢储能

氢储能系统利用清洁能源电力电解技术得到氢气，并存储于高效储氢装置中，进而利用燃料电池技术，将存储的能量回馈到电网，或者将存储的高纯度氢气送入氢产业链直接利用。

氢储能的优点包括能量密度高、运行维护成本低、可长时间存储、无自放电现象、可实现全过程无污染，是少有的能够储存百吉瓦时以上，且可同时适用于极短或极长时间存储的能量储备技术。但氢储能存在如下不足：能量转换效率低（目前仅为30%～50%）成本高、基础设施投入大、存在安全性问题、研究尚不成熟。

氢储能是理论上唯一能够在大时间尺度上解决能量过剩的储能技术，被视为极具潜力的新型大规模储能技术。目前国内外已有风电＋氢能、光伏＋氢能的示范项目，但是尚需解决氢储存密度不够高、民用液氢产业发展不成熟等问题，预计远期才能实现商业应用。

七、热电化学储能

热电化学储热是利用物质间的可逆电化学反应或者电化学吸/脱附反应的吸/放热进行热量的存储与释放。典型的热电化学储能体系有无机氢氧化物热分解、NH_3 的分解、碳酸化合物分解、甲烷—二氧化碳催化重整、铵盐热分解、有机物的氢化和脱氢反应等。

热电化学储能主要应用于电网调峰调频场景，其优点包括：①相比显热和相变储能，热电化学储能具有更高的能量密度；②常温下热电化学储能没有热损失。热电化学储能缺点包括储/释热过程复杂、不确定性大、控制难、循环中的传热传质特性较差等。

目前热电化学储能已经进入实验示范阶段，未来研究应关注储/释循环的强化与控制、技术经济性的验证以及适用范围的拓展等。

第二节 物 理 储 能

物理储能是将电能转换为动能或势能存储的储能技术，常见的物理储能技术主要包括压缩空气储能、飞轮储能和相变储能。其中压缩空气储能在负荷低谷时利用电力将空气高压密封在报废矿井、沉降的海底储气罐、山洞等地下洞穴中，在需要时释放压缩的空气并添加燃气发电；飞轮储能是在储能时由电动机带动飞轮旋转，直至达到设计转速，放电时由飞轮靠惯性带动发电机输出电能；相变储能是利用相变材料吸、放热量从而存储和释放能量的储能技术。

一、压缩空气储能

压缩空气储能系统由充气（压缩）循环和排气（膨胀）循环两个独立的部分组成。在用电低谷，将空气压缩并存于储气室中，使电能转化为空气的内能存储起来；在用电高峰，释放压缩空气推动汽轮发电机发电。压缩空气储能的示意图如图 2-2 所示。

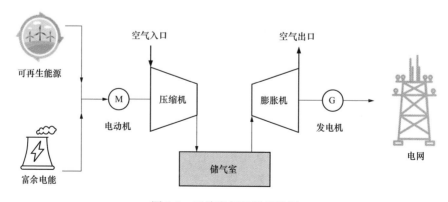

图 2-2　压缩空气储能示意图

压缩空气储能具有如下特点：①效率高，总效率在绝热系统中较高（60%～70%）；②循环寿命不受循环次数限制，总寿命可达 30～50 年；③放电深度一般在 35%～50%，自放电功率保持在每天额定功率的 0.5%～1%；④装机成本较低，在正常地形下一般在 5600～8000 元/kW，建设投资和发电成本均低于抽水蓄能电站；⑤功率范围广，大型电站可达 300MW，小型系统千瓦级别；⑥安全、无污染、机组性能稳定，采用罐式结构的压缩空气储能还具有空间上的灵活性。但压缩空气储能存在如下不足：能量密度低、设备规模较大、循环效率低（41%～53%）等，在地下储存压缩空气时，温升的空气可能会导致岩石的龟裂和岩盐的蠕变。

目前国外已投运了德国汉特福压缩空气储能电站、美国阿拉巴马压缩空气储能电站等，国内仍以科研示范为主。未来发展方向是充分利用循环过程中的放热、释冷能量，提高装置效率；关键设备模块化，推动规模化应用。

二、飞轮储能

飞轮储能是将电能转换成旋转体（飞轮）的动能进行存储。储能时，电能驱动电动机带动飞轮高速旋转，将电能以旋转体动能形式存储在高速旋转的飞轮体中；释能时，高速旋转的飞轮作为原动机带动发电机发电，将机械能转化为电能。飞轮储能的原理示意图如图 2-3 所示。

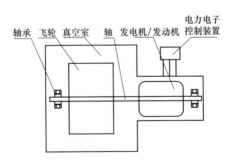

图 2-3　飞轮储能示意图

飞轮储能系统具有功率密度大、快速充放电、毫秒级响应速度等优点，单机储能容量为 0.5～100kWh，储能功率为 2～3000kW。同时，使用寿命长、能量转换效率高、自身的损耗低、运行维护成本低。但飞轮储能能量密度低，为减小能量损耗，需将飞轮和电机放置在真空度较高的环境中，并且飞轮储能自放电率较高、噪声及一次性购置成本较大。

我国飞轮储能正处于蓬勃发展的新阶段。飞轮储能已成功在电动汽车、不间断电源（uninterruptible power supply，UPS）、风力发电、航空航天、轨道交通等领域得到了应用。未来飞轮储能的研究方向主要着力于以下几个方面：①提高能量密度的复合材料技术和超导磁悬浮技术，提高飞轮转速和能量密度；②降低储能飞轮系统的功耗；③系统的安全性、可靠性分析；④强力充放电系统的稳定性。

三、相变储能

相变储能也称潜热储能，是利用相变材料吸、放热量从而存储和释放能量的储能技术，在相变材料从固态到液态的过程中，吸收能量；从液态到固态的过程中，释放能量。这种吸热/放热的过程中，材料在很小的温度变化范围中，带来大量能量的转换过程。常用相变材料主要有石蜡、盐的水合物和熔融盐等。其中，熔融盐储热是先将固态无机盐加热到熔融状态，再利用热循环实现传热储热。相变储能的示意图如图 2-4 所示，其中相变材料状态发生变化的过程温度不变，即为潜热储能状态。

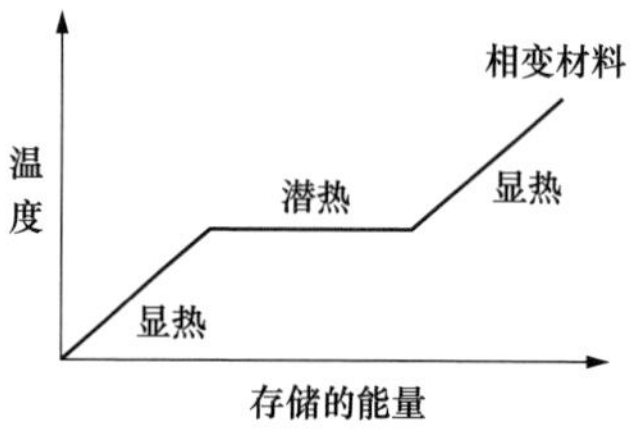

图 2-4　相变储能过程

相变储能具有储能密度高、放热过程温度波动范围小等优点，并且所用装置简单、体积小、设计灵活、使用方便、易于管理。相变储能在可再生能源的利用、电力系统的移峰填谷、废热和余热的回收利用，以及工业与民用建筑和空调的节能等领域具有广泛的应用前景。

相变储能未来研究将重点关注热量存储和输送相关的关键设备材料和工质：①优化材料的性能，通过复合改性等方法，提高相变储能材料的热导率，防止相分离等；②开发新型相变储能材料，改善现存相变储能很难同时满足相变潜热、热导率、热稳定性、无泄漏等方面要求的现状。

第三节　电　磁　储　能

电磁储能是直接以电磁能的方式存储电能的技术，主要包括超导储能和超级电容器储能等。超导储能是利用超导体制成的线圈存储磁场能量，具有响应速度快、转换效率高等优点，以及超导体自身费用和维持低温费用昂贵等缺点。超级电容器的极板为活性炭材料，充放电时无化学反应，多用于高峰值功率、低容量的场合。

一、超导储能

超导储能利用超导线圈，通过变流器将电网能量以电磁能的形式存储起来，需要时再通过变流器将存储的能量转换并馈送给电网或其他电力装置的储能系统。

超导储能具有功率密度高、容量密度大、循环效率高（≥95%）、响应速度快等优点：①具有载流密度高、体积小、质量轻等优点，便于制成常规技术难以达到的大容量储能装置，还可制成运行于强磁场的装置，实现高密度高效率储能；②具备快速功率响应能力，通过采用电力电子器件的变流技术实现与电网的连接，响应速度达到毫秒级；③效率高，超导储能系统可长期无损耗地储存能量，其转换效率超过90%。但超导材料的工作温度较低，超导线圈需要液氦保持低温，即便是高温超导材料的工作温度也只有77K；并且超导储能维护工作量大，这是限制超导储能在大容量系统大量应用的瓶颈。

目前，超导储能仍处于试验阶段，一方面，超导带材制造成本高、难度大；另一方面，超导带材制作技术处于发展期，性能还存在上升空间。未来研究侧重于开发高温超导线材、降低成本、提高稳定性等。

二、超级电容器储能

超级电容器储能根据电极、电解质界面电荷分离所形成的双电层实现电荷和能量存储。充电时，电极表面处于理想极化状态，电荷吸引周围电解质溶液中的异性离子，使其附于电极表面，形成双电荷层，构成双电层电容。由于电荷层间距极小并采用特殊电极结构，电极表面积成万倍增加，产生极大的电容量。

超级电容具有循环效率较高、充放电速度快、功率密度高、循环充放电次数多、工作温度范围宽、维护工作极少、可靠性高等优点：①功率密度高，一般可达 $10^2 \sim 10^4 \mathrm{kW/kg}$，远高于蓄电池的功率密度水平；②循环效率较高、寿命长，高速深度充放电循环 50 万～100 万次后，超级电容器的特性变化很小，容量和内阻仅降低 10%～20%；③工作温限较宽，由于低温状态下超级电容器中离子的吸附和脱附速度变化不大，因此其容量变化远小于蓄电池，商业化超级电容器的工作温度范围为－40～＋80℃。但超级电容器存在自放电率较高、成本高、能量密度低、端电压波动范围比较大、存在电容的串联均压难题等不足。

目前，超级电容器已经在高山气象台、边防哨所等场所应用，正处于商业推广应用的阶段。未来发展趋势主要是将超级电容器与蓄电池混合使用，将蓄电池能量密度大的优点与超级电容器充放电速度快、功率密度大、循环寿命长等优点相结合，提高电源的峰值输出功率、改善电能质量，同时减少电源的体积和质量，减少电源的内部损耗，延长电池寿命等。

参 考 文 献

[1] 巩俊强，邓浩，谢莹华. 储能技术分类及国内大容量蓄电池储能技术比较 [J]. 中国科技信息，2012（9）：139-140.

[2] 黄峰，周运鸿. 锂离子电池电解质现状与发展 [J]. 电池，2001（6）：290-293.

[3] 陶占良，陈军. 铅碳电池储能技术 [J]. 储能科学与技术，2015，4（6）：546-555.

[4] 孙文，王培红. 钠硫电池的应用现状与发展 [J]. 上海节能，2015（2）：85-89.

[5] 邓一凡. 液流电池储能系统应用与展望 [J]. 船电技术，2017，37（12）：33-38.

[6] 温术来，李向红，孙亮，等. 金属空气电池技术的研究进展 [J]. 电源技术，2019，43（12）：2048-2052.

[7] 霍现旭，王靖，蒋菱，等. 氢储能系统关键技术及应用综述 [J]. 储能科学与技术，2016，5（2）：197-203.

[8] 吴娟，龙新峰. 热化学储能的研究现状与发展前景 [J]. 现代化工，2014，34（9）：17-21，23.

[9] 张新敬，陈海生，刘金超，等. 压缩空气储能技术研究进展 [J]. 储能科学与技术，2012，1（1）：26-40.

[10] 蒋书运，卫海岗，沈祖培. 飞轮储能技术研究的发展现状 [J]. 太阳能学报，2000（4）：427-433.

[11] 陈爱英，汪学英，曹学增. 相变储能材料的研究进展与应用 [J]. 材料导报，2003（5）：42-44，72.

[12] 郭文勇，蔡富裕，赵闯，等. 超导储能技术在可再生能源中的应用与展望 [J]. 电力系统自动化，2019，43（8）：1-14.

[13] 周林，黄勇，郭珂，等. 微电网储能技术研究综述 [J]. 电力系统保护与控制，2011，39（7）：147-152.

第三章　电力电子设备技术发展

作为电能从生产到用户的最后环节，配电系统在电力系统中扮演着极为重要的角色。各种分布式能源的高效消纳、电动汽车的灵活接入，以及用户侧的优质服务与灵活互动，都需要通过配电系统来完成。围绕智能配电系统关键技术需求，微电网、主动配电网、自愈控制、需求响应、综合能源等新型配电系统形式逐渐成为研究热点，日趋成熟的电力电子技术则为这些技术手段的发展、成熟与应用提供条件，使得配电网潮流控制、运行方式更加灵活，给配电网发展形态带来重要影响。本章将重点介绍智能软开关（soft normally open points，SNOP）、电力电子变压器（power electronic transformer，PET）、多端口变换器及电能路由器等技术。

第一节　智 能 软 开 关

一、技术概述

SNOP 是由英国帝国理工学院提出来的一种新型可控电力电子装置，用于替换传统配电网中的联络开关或分段开关，凭借功率连续可控、控制方式灵活等特点，被广泛应用于主动配电网中。SNOP 是一种全控型电力电子装置，可对所连馈线的有功和无功功率准确、快速、灵活控制，实现优化主动配电网电压等功能。SNOP 接入位置如图 3-1 所示。

SNOP 的具体装置主要有背靠背电压源型变流器（back-to-back voltage source converter，B2B-VSC）、统一潮流控制器（unified power flow controller，UPFC）和静止同步串联补偿器（static synonous series compensator，SSSC）三种。SNOP

多采用背靠背电压源型换流器（B2B-VSC）结构，其拓扑结构由两个变流器经过一个直流电容器连接实现，两个换流器均拥有四象限功率控制能力，在毫秒级时间尺度下响应操作指令，其典型结构如图 3-2 所示。

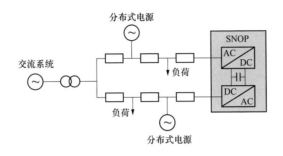

图 3-1　SNOP 接入位置

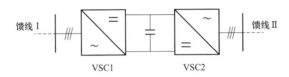

图 3-2　SNOP 典型结构

　　一般来说，SNOP 两侧变流器在结构上完全对称，接入配电网时，SNOP控制模式设置为一侧采用定直流电压控制方式，另一侧采用定交流侧电压控制方式，同时控制换流器的无功功率交换，实现功率的双向灵活流动与精确控制。SNOP 传输的功率指令可以通过配电网控制中心统一下达，也可通过就地控制方法确定。两端馈线通过 SNOP 互联，传输的有功、无功功率完全可控，配电网从传统的"闭环设计，开环运行"状态变为柔性闭环运行。采用 SNOP 代替配电网中的联络开关后，能够通过控制两侧馈线的功率交换，影响或改变整个系统的潮流分布，使配电网的运行调度更加"柔性"。

二、技术优势

　　与常规联络开关的连接方式相比，SNOP 实现了馈线间常态化柔性互联，避免了常规联络开关频繁变位造成的安全隐患；使配电网同时具备了开环运行与闭环运行的优势，提高了配电网控制的灵活性和快速性。具体如下：

　　（1）调节能力更强。常规联络开关只能进行 0－1 控制，流经开关的功率不可控；SNOP 能够实现在自身容量范围内的无级差连续调节，对流过的有功功率和发出的无功功率进行精确控制。

（2）响应速度更快。常规联络开关需要通过机械机构进行操作，指令响应速度较慢；SNOP 基于全控型电力电子变换器，无机械操作机构，能够实时响应控制指令。

（3）动作成本更低。常规联络开关一般采用断路器等设备，全寿命周期中动作次数有限，分合闸时存在较大冲击电流；SNOP 采用全控型电力电子器件，不受动作次数限制，运行寿命更长，对系统冲击更小。

（4）故障影响更小。常规联络开关闭合后，两侧交流馈线存在直接电气联系，可能导致故障影响范围扩大，同时给保护整定带来了困难；SNOP 相连馈线间由直流环节解耦，故障电流受两侧变流器限制，有效缩小了故障影响范围。

此外，SNOP 通过施加适当的控制策略，还能够提供快速无功补偿、精确电压控制、三相负载平衡、主动谐波治理等功能，使其成为多功能集成的复合型智能装置，对提高配电网一次装备的控制能力与控制水平有着重要意义。

三、适用场合

SNOP 适用于中心城区和小型城镇，能够准确调控双端馈线的有功潮流与无功功率，有效平衡馈线负荷，改善配电网电压水平，降低线路损耗。SNOP 可以保证负荷的不间断供电，提高配电网消纳分布式电源的能力，给配电网的运行调节带来诸多益处。

四、发展趋势及待攻克问题

在常规馈线柔性互联的基础上，智能配电网往往还需要满足多线供电、多电压等级供电、多级变电站互联、储能辅助调节等不同场景下的柔性互联需求，对 SNOP 的结构与功能提出更高要求，具体如下。

（1）多端柔性互联技术。为适应多线供电场景下的柔性互联需求，降低设备改造成本与工作量，在常规双端 SNOP 的基础上，进一步实现多条馈线柔性互联的多端 SNOP 将成为未来重要发展方向之一。

（2）变电站间柔性互联技术。柔性互联使各变电站能够根据运行状态进行主动负荷分配，并在必要时由 SNOP 提供精确无功补偿，从而充分发挥各站点供电能力，优化主变压器负载率水平，降低重载站点运行风险，提高大容量轻载站点资产利用率与运行经济性。

（3）多电压等级柔性互联技术。多电压等级馈线的柔性互联能力将极大地提升 SNOP 装置在复杂配电网中的应用灵活性与适用性，充分发挥高电压等级馈线的供电能力，强化 SNOP 对相连馈线或站点间的相互支撑作用。

（4）储能联合接入技术。通过 SNOP 中的直流环节，蓄电池等各种能量型直流储能元件能够很方便地接入配电网中。利用 SNOP 两侧的电力电子变换器实现储能元件的充放电控制，从而使 SNOP 在原有功率传输功能的基础上进一步具备了能量存储功能，成为高度集成的综合能量变换装置。

目前，SNOP 已有部分项目试点应用，但电力变换能力、系统优化设计、装置与系统的可靠性、成本效益、运行控制等核心技术仍需进一步研究。未来，SNOP 可以作为直流配电网发展的过渡阶段，直流侧连接储能、分布式电源及其他智能终端组成的直流配电网，通过多端 SNOP 形成交直流混合配电网运行模式。

第二节　电力电子变压器

一、技术原理

电力电子变压器（PET）又称固态变压器（solid state transformer，SST），主要包含电力电子变流器和高频变压器两部分。高压侧工频交流电通过电力电子变流器变换形成高频交流电，然后通过高频变压器耦合到低压侧，再经过变流器变换形成工频交流电，向负载供电。PET 通过控制器对两侧变流器进行脉宽调制（pulse width modulation，PWM），实现电力变化过程的能量双向流动，并在电能质量调节和谐波抑制等方面具有一定优势。高频变压器的体积大小与其工作频率成反比，频率越高，体积越小。PET 基本工作原理如图 3-3 所示。

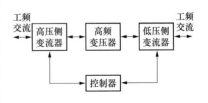

图 3-3　PET 基本工作原理

二、PET 的拓扑结构及分类

按照变换级数，PET 典型拓扑结构可分为单级型无直流环节类、双级型含低压直流环节类、双级型含高压直流环节类和三级型含高低压直流环节类四类，其示意图如图 3-4 所示。

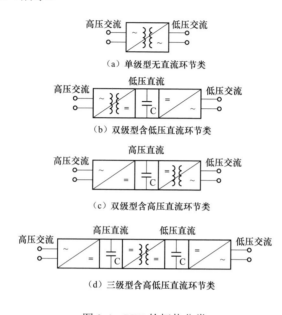

（a）单级型无直流环节类

（b）双级型含低压直流环节类

（c）双级型含高压直流环节类

（d）三级型含高低压直流环节类

图 3-4　PET 的拓扑分类

（一）单级型无直流环节类

单级型 PET 是将原边工频交流信号调制为高频交流信号，经高频变压器变换后再还原为工频交流信号。单级型 PET 只经过一次电能变换，拓扑简单，变换效率高，可双向传输功率。但拓扑功能单一，网侧不具备功率因数校正功能；变换环节缺少直流环节，不利于直流元件接入，限制了应用范围。

图 3-5 为一种单级 AC/AC 型 PET 结构。输入电压通过高频变压器之前被转换成占空比为 50% 的高频方波，在高频变压器低压侧对方波信号进行解调使其变为原来的正弦波。为减小尺寸、提高效率，高频变压器频率变化范围为 0.6～1.2kHz，同等尺寸下传输能量能力是普通工频变压器的 3 倍。

（二）双级型含低压直流环节类

图 3-6 所示为一种双级型 PET 拓扑，该结构包含低压直流环节，采用整流

变换电路直接将高压交流变换为低压直流。该电路在整流电路后级未加滤波电容，无严格意义上的直流环节，是单级型拓扑的改进。但是，该拓扑结构下电路传输的有功功率易受变压器漏感的影响，且存在低压直流侧调节能力有限等问题。

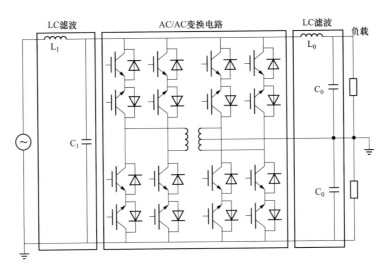

图 3-5 单级 AC/AC 型 PET 结构

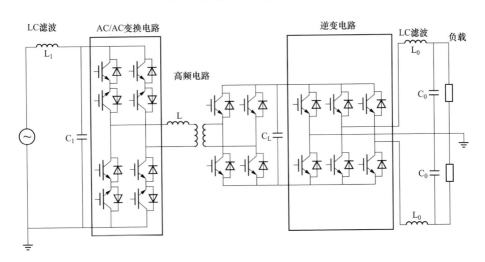

图 3-6 双级型 PET 拓扑

（三）三级型含高低压直流环节类

三级型 PET 结构一般包括变换器、直流母线和高频变压器等部件，交流经

AC/DC 电路变为直流，再经含高频变压器的 DC/DC 电路改变直流电压，最后经 DC/AC 逆变并输出交流。虽然这种结构相较于前面提到的 AC/AC 结构复杂，但其功能更多，调节范围更宽，是目前讨论最为广泛的 PET 拓扑。由于三级型 PET 具有直流母线，光伏发电等直流电源可以直接通过 PET 接入系统，在实现交直流混联的同时进一步提高转换能力和利用效率。受限于高压大功率半导体器件的耐压、绝缘水平及制造成本，高压侧整流 AC/DC 环节需要多个低压模块串联、低压侧整流和逆变环节需要多个小电流模块并联。

三级型 PET 拓扑分为级联 H 桥型（Cascaded H-Bridge，CHB）、模块化多电平变流器型（Modular Multilevel Converter，MMC）和中点钳位型（Neutral Point Clamped，NPC）三种典型结构。CHB 型 PET 模块化程度高、易于扩展且控制策略相对简单，但需要大量变流器和高频变压器，导致配电网应用场景中结构复杂。基于 MMC 型结构的三级 PET 拓扑简化了高频变压器结构，减少了所需晶闸管数目。由于 MMC 型拓扑中包含直流母线、直流电源、直流负荷等元件，可通过 PET 直接接入，减少了电能转换步骤，提高了转换效率。但该拓扑需要较多支撑电容和高频变压器。基于 NPC 结构的 PET 拓扑仅仅包含一个高压输入端口，减少了高频变压器的数量，但无法对电路进行模块化扩展，并且所需要的钳位式二极管的数量相对较多，均压控制更加困难。

总体来说，MMC 型拓扑较 CHB 型拓扑结构简单，较 NPC 型拓扑易于扩展，相对来说综合性能最优。但在实际应用中，PET 各个环节配置方式可以灵活组合，从而派生出新的拓扑。因此，基于实际场景情况的拓扑仍是 PET 拓扑结构未来发展的方向。

三、技术优势

电力电子变压器除了实现传统变压器的功能外，还具有优化分布式电源配置，提高电力系统的稳定性、输电方式的灵活性，改善供电质量等功能，具体如下：

（1）体积小、质量轻。与传统的电力变压器相比，PET 传输电能所需铁芯材料更少，减少了铁、铜等有色金属的用量。

（2）供电稳定性高。PET 运行时二次电压幅值不随负载的变化而变化，可以输出更加稳定的电能。在 PET 的直流环节加入蓄电池组或超级电容等储能模块，可以组成在线式不间断电源（UPS）。在线式 UPS 一直处在稳压、稳频的供电状态，输出电压的动态响应特性良好、波形畸变较小。即使在电网故障情况下，蓄电池组依然可以向逆变器供电，保证负载不间断供电。

（3）供电质量有保证。PET 包含有直流环节，对输入输出电压的控制更加灵活，在变压、隔离、传输电能的同时消除网侧电压波动、电压波形失真等影响，保证一次电压、电流和二次电压为正弦波。

（4）方便交直流电气设备接入。PET 变流环节提供了方便的交直流接口，既可以满足传统交流元件并网需求，又可以适应光伏发电、风力发电和电动汽车等交直流可控元件的接入需求。

四、发展趋势及待攻克问题

目前，国内外对电力电子变压器已开展了大量研究工作，并研制了样机，逐步应用于机车牵引、智能电网等工程领域。但电力电子变压器 PET 技术仍需解决以下关键技术问题。

（1）运行稳定性和可靠性问题。PET 应用于配电网时需要多个功率模块的串并联和级联，对整个变流系统的稳定性和可靠性提出了严峻挑战。可以从以下两个角度入手：①研发新材料新器件提升 PET 稳定性，例如，在 PET 中使用耐热耐压性更好的碳化硅器件，提升整个变换系统的可靠性与稳定性；②采用冗余策略，当系统中某个环节出现故障，将由冗余元件或电路代替其工作，以保证系统可靠稳定运行。

（2）功率双向流动与自由切换问题。为了消纳分布式电源、可控直流负荷等，配电网 PET 除了具备电能传输和功率变换功能外，还应具有功率双向切换的功能。功率方向的变化导致控制系统采样信号的改变，为快速响应功率流向的变化，对 PET 的控制系统、控制策略、控制策略的切换时间等提出了更高要求。

（3）功率密度与效率优化问题。PET 换流系统存在高频电路，较高的工作频率会增加开关管的损耗，增大器件的工作温升。为解决变压器和电力电子器件的散热问题并平衡散热装置体积，需要提升 PET 元件功率密度。此外，相较于工频变压器，高频变压器在大负荷情况下的效率仍有待提升。因此，可以将功率密度、变换效率与元器件的相关参数等问题作为优化问题进行分析，从系统的角度统筹解决散热和效能提升问题。

（4）其他关键技术问题。电力电子变压器并联运行存在同步、均流、并列、保护等难题。从目前应用于配电网的 PET 拓扑看，仍需大量的功率模块级联和串并联，整体结构仍显复杂。如何进一步简化配电网 PET 拓扑结构仍是亟待解决问题之一。同时，配电网 PET 和传统电力变压器或者其他 PET 并联时，涉及并列运行、保护配合等一系列相关问题。此外，器件技术和控制策略等问题仍需不断完善。

第三节　多端口变换器

一、技术原理

随着分布式能源的接入，功能单一的传统双端口变换器，其性能已经不能满足发展需求。多端口变换器（multi-port converters，MPC）具有多种变流功能，能够实现能量多向流动，有利于分布式电源稳定、高效地接入，逐渐成为研究热点。

典型多端口变换器结构示意如图 3-7 所示，四个端口共用同一个直流母线，

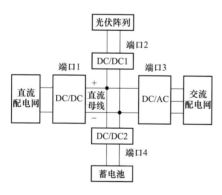

图 3-7　多端口变换器示意图

母线通过端口 1 变换器与直流配电网连接，通过端口 2 变换器与分布式电源（如光伏）连接，通过端口 3 变换器与交流配电网连接，通过端口 4 变换器与储能装置（如蓄电池）连接。多端口变换器的公共直流母线通过其他接口变换器，接入本地的直流负荷、交流负荷和其他分布式电源（如风电等）。

与传统的变换器相比，多端口变换器适用于交直流混合微电网中，实现多个端口间的柔性互联，减少了系统功率变换单元的数量，简化了系统结构，优化了系统潮流分配，提高了系统的稳定性。

二、多端口变换器拓扑结构及其分类

根据电能转换类型，多端口变换器可分为 DC/DC 型、DC/AC 型和复合型三类；根据端口能量的流动方向，多端口变换器可分为能量双向流动型和能量定向流动型；根据变换器的端口数量，多端口变换器可分为两端口型、三端口型、四端口型和多端口型，一般 3 个端口以上的电能变换器可统称为多端口变换器。

（一）三端口变换器及其典型拓扑结构

三端口变换器拓扑结构较为灵活、功能多样，可分为非隔离型、磁耦合型、功率器件共用型和移相式等多种类型。该变换器省去了母线电容，减少了变换器的体积和成本，且端口间采用单极变换，提高了转换效率和功率密度，但变换类型较为单一。

磁耦合型三端口变换器在 boost 双半桥电路的基础上增加了一个半桥拓扑结构，在"PWM＋移相"控制的基础上，实现能量的双向流动。由于拓扑结构中存在较多电感，降低了变换器的动态响应速度，并且只能实现直流－直流变换，变换类型较为单一。

功率器件共用型半桥三端口变换器将不同类型的变换器通过功率器件共用的方式集合在一起，使得储能设备和新能源可通过变换器协调运行，实现电能的最优输出。

移相式三端口变换器可实现能量在各端口间相互传递，适用于潮流需求多样性的微电网，但只能实现直流－直流的变换，其性能存在不足。

（二）四端口变换器及其典型拓扑结构

四端口变换器通常采用并行竞争的控制策略，可保证输出电压稳定，有利于含有分布式电源的微电网系统稳定运行。该变换器在实现光伏发电和风能发电最大功率点跟踪的同时，能够保证输出电压稳定。

半桥型四端口变换器输入端存在较多电容，增大了变换器的体积。双输入双输出的四端口变换器的两个输出端口相互隔离，输出较为灵活，并可实现单输出或双输出。

（三）多端口变换器及其典型拓扑结构

多端口变换器可分为电能路由器型和电力电子变压器型。电能路由器型多端口变换器是一种有利于分布式电源与微电网协调配合并向负载供电的智能化电气连接装置。电力电子变压器型多端口变换器在多种分布式能源混合供电的微电网系统中具有良好的应用前景。其中，电能路由器工作过程中需要收集电源和负载的信息，可以实现输入电源和输出负载的最优匹配，这是两种类型多端口变换器的最主要区别。

（四）不同类型多端口变换器的对比

磁耦合型电能变换器和移相式电能变换器在拓扑结构上比较相似，均具有能量双向传输功能。功率器件共用型电能变换器和四端口变换器在拓扑结构上均采用了元件复用。电能路由器型多端口变换器与电力电子变压器型多端口变换器均存在元件复用率低和功率密度小等问题。

三、技术优势

传统多端口变换器主要用于中小功率等级的 DC-DC 或 DC-AC 电源领域。随着智能电网的发展，多端口变换器在中、高压大功率电源、微电网、新能源发电、电能高效传输及分配等方面都将具有广阔的应用前景。多端口变换器的应用价值在于：

（1）同时满足多种变流需求。微电网建设过程中会出现不同类型用电设备和各种分布式电源长期共存的情况。相对于功能分离的多台电能变换器，多端口变换器可同时满足多种变流需求，有效解决装置间的环流和协调控制问题，提高了系统稳定性。

（2）实现能量协调传递。分布式电源具有波动性和间歇性的特点，微电网中的家庭式负载具有随机性的特点。随着分布式电源和电力电子装置的接入，对配电网母线电压稳定和潮流平衡控制提出了更高的要求。多端口变换器能够在负荷或分布式电源波动的情况下，控制潮流在各端口间合理分配与灵活转移，实现能量协调传递。

（3）多功能化发展。多功能变换器在具有变流功能的同时整合了电能质量治理等新功能。对比功能分离的多台电力电子装置，多功能化变换器在变流的同时可以调节电能质量，提高系统的灵活性、稳定性和经济性。

四、发展趋势及待攻克问题

目前，多端口变换器尚未形成统一的标准拓扑和结构，并且较难实现能量的多向可控和不同电流制式电源的同时接入和输出。新型电力电子拓扑、母线电压稳定和潮流平衡、先进控制策略、故障保护措施、变流技术等关键技术问题仍是多端口变换器亟待解决的难题。

第四节 电 能 路 由 器

一、技术原理

随着高渗透新能源发电、大规模电动汽车和储能系统接入，电力系统加快向"源－网－荷－储"协调优化运行的新阶段发展，要求信息和电能高度融合，并具备精确、连续、快速、灵活的调控手段。在这种背景下，基于电力电子技术的"电能路由器"概念应运而生。电能路由器（electric energy router，EER）具有信息流和电能流高度融合的特点，可用于解决传统电网节点关系不对等、节点自治能力差、各节点自由度不均衡等问题，提高电网的韧性、兼容性和经济性，使得电能的生产者、经营者和使用者获得更多的价值。

电能路由器作为独立的电力电子装置，能够完成电能的可控变换，并且具备与外部设备的通信功能。电能路由器由功率单元、通信单元和控制单元 3 个功能模块组成。其中，功率单元由多级电力电子变换单元组合而成，具有交直流电压等级变换、交直流电流波形变换、即插即用、电气隔离等功能；通信单元包括路由器内部通信接口和对外通信接口两部分，内部通信负责各组合单元与控制器之间的信息通信，对外通信接口通过多种形式的通信总线与外部系统（其他同级或上级节点设备）进行信息交换；控制单元接收通信单元的信息和功率单元反馈的信息，经过内部电能质量管理单元，实现电能路由器内部及内外部的能量平衡。

二、技术优势

以电能路由器作为并网节点设备，可以形成交直流混合的微电网结构，电能路由器可以通过接收调度指令控制网络中的潮流方向和大小，也可以根据微电网系统的实际情况，实现微电网自治、故障隔离和电能功率分配。基于电能路由器的主动配电网具有较强的灵活性和稳定性，为大规模的分布式电源并网提供了强有力的保证。

从电力系统的角度来看，电能路由器是一种面向主动配电网及智能用电终端的电力管理调节器；从互联网系统的角度来看，电能路由器是物理系统与信息系统深度融合的网络节点装置，通过通信接口，实现信息流与能量流相互协调；从电力电子的角度来看，电能路由器即为多端口、多级联、多流向和多形态的电力电子变换器；从用户的角度来看，电能路由器则是由全控型电力电子开关器件和高频变压器构成的电磁能量变换装置，除了可以实现传统变压器的电压变换、电气隔离和能量传输等基本功能外，还可以实现无功补偿、谐波治理、电网互连、新能源装置并网、即插即用和电能路由等功能。总体上，电能路由器具有以下技术优势：

（1）电能路由器能够为新能源发电和分布式储能装置提供即插即用的交、直流接口。即在不断电的情况下，通过设计合理的插接结构、通信接口、启动措施和运行模式，使得并网变换器实现方便快捷地投入和切除。

（2）能够实现电压变换、电气隔离、能量流向可控、提升电能质量等功能。即通过优化设计内部器件参数和模块单元的组合形式，实现宽电压变比和电气隔离；通过合理选择无源元件参数，提升电能质量的同时，减小系统体积和质量；通过选用全控功率器件和合适的控制策略，实现能量双向流动，保证电能路由器的高效运行。

（3）能够根据故障情况或系统需要，自主地与电网分离或并网，提高电网的自愈性。故障检测设备发送故障信息给电能路由器或上级控制系统，电能路由器识别后控制自身工作状态，进入离网运行状态；或者电能路由器根据自身内部的故障，自主与电网分离，保证电网安全运行。

（4）能够快速实施能量路由，保证各线路电能需求的快速匹配。即根据调度信息控制电能路由器，合理使用分布式储能设备，实现各线路功率流向的快速调节，并最大限度地接纳新能源，实现智能化能量管理。

（5）能够实时同步共享信息，实现信息流控制能量流、能量流制约信息流。即通过可靠快速的通信网络，实现网络中各个节点信息的共享，通过综合信息计算获得能量路径的优化结果，实际执行中遇到突发情况能够快速反应，重新获得有制约条件下的优化结果。

三、电能路由器的应用及关键技术

电能路由器的关键技术包括具有不同路由形式的变换单元组合技术、根据不同应用需求的即插即用技术、满足性能优化的协调控制技术及相应的通信技术和能量管理技术等。

（一）变换单元组合技术

随着电能路由器功率需求的不断提高，单级变换器已经不能满足高压大容量和多端口路由的需求，需要采用多级变换器的单元组合。电能路由器的拓扑结构是多种变换单元组合优化的结果。不同变换单元的组合优化除了需要满足系统规定的功能外，还要满足系统整体的性能需求（包括损耗、成本、控制复杂程度和器件的利用率等指标）。电能路由器中的变换单元进行组合时需要路由器的承压通流能力、电气隔离、新能源高效接入、交直流混合微电网的互联等问题。面向中高压的三相电能路由器，可以采用串联拓扑增加装置的承压能力，通过考虑中间高频变压器的形式和不同的前后级变换器单元，构成不同的组合形式。

（二）端口即插即用技术

优良的端口即插即用能力是电能路由器灵活、高效接入源荷的保障。电能路由器中的即插即用技术除了需识别插接设备的信息外，还要识别和管理插接设备的能量端口。电能路由器中的即插即用技术包括能量和信息两个方面的即插即用：①在电能路由器不断电的情况下，并网设备（新能源发电设备、储能设备及负荷变流器等）与电能路由器的开放端口插接，按照通信协议，快速识别插接设备的类型和其他信息；②在整个系统安全和稳定的前提下，电能路由器按照相应的设备类型进行控制，实现变换器并离网的功能。电能路由器的管理系统将并网设备纳入管理范围，实现区域能源的优化运行。电能路由器即插即用的关键技术涉及统一的通信协议、带有保护装置的统一插接端口、智能化的能量管理系统等。

（三）多端口多级联变换器协调控制技术

电能路由器作为多级电力电子变换器的组合体，采用协调控制可提高其瞬态性能。即通过建立电能路由器的能量模型，利用各个控制变量的能量关系进行协调控制，使得能量在各级之间快速稳定流通，可减少动态过程的恢复时间，

新型配电系统技术与发展

降低母线电压波动，减小母线电容大小，增加系统的可靠性。

（四）分级通信技术

电能路由器中能量变换和信息交互是相对独立的过程，两者的协调运行是确保电能路由器准确调控电能的关键。一方面，在网络稳定运行时，电能路由器与电气节点的信息交换需要考虑通信带宽及功率变化的复杂性，通信频率过快将导致通信的冲突增多和冗余带宽降低，不利于系统的扩展；而通信速率过低又难以实时反映系统节点的电气状态变化。另一方面，当发生并网节点的投入和退出、系统出现故障、节点功率过载等突发情况时，电能路由器的能量管理单元往往立即动作以保证系统安全，而后续的系统能量重新分配则需要通信层的协助和电能路由器的决策。能否快速恢复系统故障，实现容错运行，瞬态情况下的通信方式尤为重要。

电能路由器的通信接口需要与其他设备的通信接口和能源互联网的上层通信系统进行互联，电能路由器的通信接口分为路由器内部的通信总线和与外部设备通信网络接口两级。通过将通信网络分级布置到各级电能路由器、各个网络节点和终端设备中，利用能源互联网的通信系统对网中各类型设备数据进行高速、双向、可靠传输，实现分级通信。

（五）分层能量管理技术

电能路由器作为执行装置需要满足正常运行时接受上层调度指令，实现能量的高效传输，故障运行时实现自主控制，保证装置和电网的安全可靠运行。在电能路由器实现便利快速地进行电能变换的基础上，依靠分层的能量管理技术实现对电网中所有支路电能的主动控制和合理分配。电能路由器根据通信网络得到的实时节点信息和负荷信息，分配各个支路功率大小，实现分层能量管理。

四、发展趋势及待攻克问题

电能路由器正处于研究试点阶段，电路拓扑、通信技术、智能分析、拓展应用等技术仍需进一步提升。

（1）物理电路拓扑研究方面。电能路由器将向更高电压等级、更大容量的方向发展。当前功率半导体的电压和电流能力有限，变流器的高电压和高容量仍是电能路由器的挑战之一。未来的电能变换是使用简单的电路结构搭配较高开关频率元件，还是采用更为复杂的模块化结构搭配较低开关频率组件，仍有待试验研究。

（2）通信技术方面。第 5 代移动通信技术 5G 已经出现，可满足多终端、可移动、大规模、高可靠、低时延等应用场景技术要求。5G 应用场景与电能路由器的应用场景高度重合，将 5G 与电能路由器相结合，不仅有利于电能路由器对能源、设备的实时监管，而且有利于用户与能源、设备之间的高效交互，提升用户在能源互联网中的参与度。

（3）分析决策方面。随着信息系统的飞速发展和电力数据的快速增长，国内外已经开展了多种人工智能应用于电力系统的研究。未来的电能路由器将具备自我学习、进化的能力，能够实现和各类终端自主对话；通过数据深度挖掘建立数据模型，采用先进的算法实现决策自动更新优化，提高能源服务质量。

（4）应用领域方面。虽然基于电力电子设备的电能转换技术已较为成熟，但针对多种能源综合利用，并实现彼此之间高效、便捷转换技术仍然不足。并且，当前电能路由器的研究多集中于微电网，未来电能路由器的应用领域可能会逐渐向能源主干网发展。

参 考 文 献

[1] 胡玉，顾洁，马睿，等. 面向配电网弹性提升的智能软开关鲁棒优化 [J]. 电力自动化设备，2019，39（11）：85-91.

[2] 王成山，孙充勃，李鹏，等. 基于 SNOP 的配电网运行优化及分析 [J]. 电力系统自动化，2015，39（9）：82-87.

[3] 李子欣，高范强，赵聪，等. 电力电子变压器技术研究综述 [J]. 中国电机工程学报，2018，38（5）：1274-1289.

[4] 陈启超，纪延超，潘延林，等. 配电系统电力电子变压器拓扑结构综述 [J]. 电工电能新技术，2015（3）：41-48.

[5] 李喆. 电力电子变压器的应用研究 [J]. 煤矿机电，2019，40（3）：56-59.

[6] 谢靖言. 恶劣工况对电力电子牵引变压器运行性能的影响研究 [D]. 湖南：湖南大学，2020.

［7］陆海，杨洋，李耀华，等．一种可再生能源接入的多端口变换器及其能量协同管理［J］．湖南大学学报（自然科学版），2021，48（2）：103-111．

［8］曾进辉，何智成，孙志峰，等．微电网多端口变换器拓扑结构研究综述［J］．分布式能源，2017，（6）：1-7．

［9］于方艳．多端口变换器拓扑及功率管理研究［D］．江苏：扬州大学，2015．

［10］宫金武，查晓明，王盼，等．大容量多端口变换器拓扑研究综述［J］．电源学报，2017，15（5）：1-9．

［11］赵争鸣，冯高辉，袁立强，等．电能路由器的发展及其关键技术［J］．中国电机工程学报，2017，37（13）：3823-3834．

［12］曹军威，孟坤，王继业，等．能源互联网与能源路由器［J］．中国科学：信息科学，2014，44（6）：714-727．

［13］葛乾诚，姚钢，周荔丹．电能路由器相关技术研究现状与展望［J］．电力建设，2019，40（6）：105-113．

第四章　负荷侧技术发展

随着能源革命的深入推进，电动汽车、电采暖、余热锅炉、冰蓄冷空调等电气设备逐步推广，用户侧终端电气化水平逐渐提升，并逐步向多能耦合方向发展。同时，为缓解尖峰时刻电力供应紧张局面，充分挖掘用户侧调控潜力，需求侧响应、综合需求侧响应等技术进入推广应用阶段。本章结合能源替代形势，重点介绍电动汽车及充换电设施、电采暖、多能转换、需求侧响应、综合需求侧响应等新技术。

第一节　电动汽车及充换电设施

一、慢充与快充技术

（一）慢充技术

交流慢充技术一般充电桩功率为 5～20kW（常见 7kW），采用交流 220V，充电电流较小，约 10～15A，充电时间约 5～8h，有的长达十几小时。常规充电时的功率和电流相对较低，对充电桩等基础设施要求不高。常规充电可以利用夜间电力低谷时段进行充电，合理利用电网资源，提高资产利用效率。但由于充电时间较长，难以满足电动汽车的紧急出行需求，同时需要在电动汽车较为集中的区域建造大型充电停车场，对充电停车场数量和选址提出更高要求。

（二）快充技术

快速充电采用较高功率或者较大电流在短时间内对电动汽车进行充电，一般充电功率在 50kW 以上，多采用直流充电，充电电流为 150～600A，在 1h 内即可使电动汽车电池达到或接近完全充电状态。由于充电速度快、充电时间短，快充充电站可不配备大面积停车场。但由于采用快速充电技术，充电电流大，对充电技术、充电安全性提出了更高的要求，并且安装成本较高、计量收费设计相对复杂。此外，在充电过程中随着电池荷电状态（State of Charge，SOC）逐步提高，充电功率将逐步下降。为控制充电时间，往往不对电池进行满充，间接增加了电池组的充放电次数，缩短了电池组的循环寿命。

（三）适用范围

1. 公交车、物流车

公交车、物流车的运营时间、运行路线比较固定，且多数公交车、物流车停车场站拥有足够的停车位资源，可以结合日常行驶需求，规定每辆车的充电时间，车辆充电地点和时间段相对固定，主要在首末站固定停车场站充电。充电策略可采用集中充电或利用会场时间充电模式。

2. 公务车

公务车主要在工作日行驶，停驶时间为非工作日、工作日夜间和未执行公务时间。公务车定点停放，主要停放在单位停车场并在此充电，外出情况时的停放车地点较为随机，通常不会充电。公务车可采用快充、慢充结合的模式。

3. 网约车和出租车

网约车和出租车行驶路径不固定、无集中停放需求，可以全天 24 小时循环运营，停放位置和充电时间较为随机，一般不具备专用场站建设需求，多在公共充电网络进行充电。一般而言，为提高运营收益，多采用快充模式。

4. 私家车

私家车具有行驶里程较短、停驶时间较长的特点，充电需求具有较强的随机性，充电时间和地点受用户行为主导，主要以家庭和单位充电为主，城市公共充电为辅。节假日用于外出旅行，主要在商业区、景区等区域充电。一般而言，私家车主可选择慢充模式，利用低谷电价充电，降低充电费用；在应急充电等特殊场景下选择快充模式。

二、换电技术

换电模式较之充电模式，具有快速充电和电池寿命可优化等突出优势。换电技术主要应用于乘用车底盘换电、乘用车后备箱换电、商用大巴车两侧换电三种系统。乘用车底盘换电系统指的是借助全自动换电设备在乘用车底部更换动力电池，该类电动乘用车底部装配有 1 块电池，3～6min 即可完成更换。乘用车后备箱换电系统指的是利用人力小车或机械臂在后备箱更换动力电池，该类电动乘用车后备箱装有 4 块电池，6～8min 可以完成换电。商用大巴车两侧换电系统指的是借助全自动换电设备在大巴车两侧更换动力电池，一般商用大巴车两侧分布有 8～12 块电池，需要 10min 的换电时间。当前国内主流换电系统应用在商用大巴车方面。

换电模式较充电模式更便于应用有序充电、峰谷充电等技术，避免大功率、集中充电对电网带来的冲击，有助于电动汽车充换电设施与电网协调发展。但换电技术仍存在许多瓶颈：①电池标准目前尚未统一，影响了自动换电效率和推广适用性；②换电技术对车辆电池、电子元器件的密封性提出更高要求；③设备可靠性不易保证，难以统筹协调各方利益，公众接受程度仍有待验证。

三、无线充电技术

（一）技术原理

电动汽车无线充电技术指通过埋于地面下的供电导轨以高频交变磁场的形式将电能传输给地面上一定范围内的车辆接收端电能拾取机构，进而给车载电池充电的技术。无线充电技术因其摆脱了线缆的局限，具有安全可靠、不占用地上空间等优势，近年来发展明显加速，成为各大研究机构的研究热点。

按传输距离，无线电能传输可以分为短距离、中距离和远距离三种。迄今为止能够实现电能无线传输的方式主要有微波、激光、超声波、电磁耦合和磁场耦合等。其中，磁耦合谐振式无线电能传输技术使得系统在中等距离（传输距离几倍于传输线圈的直径）传输时，仍能得到较高的效率和较大的功率，且电能传输不受空间非磁性障碍物的影响，更适用于电动汽车大气隙（15～45cm）、高效率（>85%）和大功率（kW 级）的技术需求。典型的电动汽车无线充电系统基本结构如图 4-1 所示，包括电力电子变换器、谐振网络、发射线圈、接收线圈、整流滤波和电池负载等部分。

国际汽车工程师学会（Society of Automotive Engineers，SAE）无线充电工作组 J2954 将无线充电按照功率划分为 WPT1-3.7kW、WPT2-7.7kW、WPT3-11kW、WPT4-22kW、WPT5-50kW 和 WPT6-250kW6 个等级。2019 年，SAE 将无线充电标准传输功率提升至 11kW（WPT3）。无线充电设备可以埋入地下，因此其占地面积可以忽略不计。

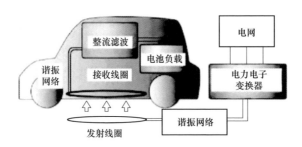

图 4-1　典型的电动汽车无线充电系统基本结构

（二）适用场合

相对于有线充电，无线充电系统以其无需插拔、即停即充、灵活便捷等特点，适合在中心城区大力建设，在电网的削峰填谷、空载备用、调节峰值功率、自动发电控制等方面有很强的优势。

无线充电的应用价值在于：①无线充电技术无须使用电缆连接车辆与充电设施就可以直接进行充电，相比传导式充电，无线充电技术更加安全；②无线充电设施可以埋入地下，在绝大部分环境条件下（如停车场、住宅区、路边等）都可以进行充电，不占据地面空间；③无线充电设施可以有效解决充电桩电缆型号与车辆的不兼容问题；④无线充电设施埋入地下，较少受到外界环境干扰，后期的维护成本大大降低。

（三）发展趋势及待攻克问题

无线充电目前处于试点示范阶段，技术发展存在的主要影响因素如下：①系统容易受到外界电磁干扰或周围掉落异物的影响；②存在充电功率低、充电效率差、发热等问题；③无线传输系统理论有待深入研究，系统偏移角度、偏移距离与传输效率之间的定量关系等均需深入研究。

四、车辆到电网（V2G）技术

（一）技术原理

车辆到电网（Vehicle-to-grid，V2G）技术是指电动汽车通过充放电设施，既可从电网获取电能，又可在必要时向电网放电的技术。通过电动汽车与电网的友好互动，可将电动汽车动力电池作为电网的储能缓冲单元，在保证满足电动汽车使用要求的前提下，为电网提供辅助服务，改善电网运行状态，平抑电网波动、提升可再生能源消纳、改善用户经济效益、减少网损等综合功能。

（二）V2G 技术实现方法

目前 V2G 的实现方式可分集中式 V2G、自治式 V2G、基于微电网的 V2G 及基于更换电池的 V2G 四类。对应 V2G 智能调度技术、智能充放电管理技术、电力电子技术及电池管理技术四种关键技术。

1. 集中式 V2G 实现方法

集中式 V2G 是指将某一区域内的电动汽车聚集在一起，结合电网的需求，对区域内电动汽车统一的调度管理，通过特定的管理策略控制每辆汽车的充放电过程。集中式 V2G 可以将智能充电器建在地面上，节约电动汽车成本。同时，由于采用统一调度和集中管理模式，可以实现整体上的最优。

2. 自治式的 V2G 实现方法

自治式 V2G 是指散落在各处、无法集中管理的电动车，通过车载式智能充电器，根据电网发布的有、无功需求和价格信息，或者根据电网输出接口的电气特征（如电压波动等）和汽车自身的状态（如电池 SOC）自动地实现 V2G 运行。自治式 V2G 一般采用车载的智能充电器，充电方便，易于使用，不受地点和空间的限制。但每一台电动车都作为一个独立的结点分散在各处，每台电动车的充放电具有较大的随机性，能否保证整体上的最优还需进一步研究；此外，车载充电器还会增加电动汽车的成本。

3. 基于微电网的 V2G 实现方法

微电网是一种由负荷和微型电源共同组成的系统，微电网相对于外部大电网表现为单一的受控单元，可同时满足用户对电能质量和供电安全等方面要求。基于微电网的 V2G 实现方法，是将电动汽车的储能设备集成到微电网中并为微电网内设施服务，如为微电网内分布电源提供支持、为相关负载供电等。

4. 基于更换电池组的 V2G 实现方法

基于更换电池组的 V2G 实现方法源于电动汽车换电模式，需要建立专门的电池更换站，并在更换站中存有大量的储能电池。考虑到电池的更换需求，基于更换电池组的 V2G 需要保证一定比例的电池电量始终处于充满状态。

五、有序充电

（一）技术原理

有序充电是在满足电动汽车充电需求的前提下，运用实际有效的经济或技术措施，引导、控制电动汽车在某些特定时段进行充电，对电网负荷曲线进行削峰填谷，促进清洁能源消纳，降低大量电动汽车竞争充电时对配电变压器、配电网的负荷冲击影响，保证电动汽车与电网的协调互动发展。

（二）有序充电的控制类型

1. 时间维度控制的有序充电

有序充电可以通过制定不同的电价机制，实现对充电用户的引导，如设定电动汽车充电峰谷电价、阶梯电价、分区电价、协议电价、分时电价等。静态电价如峰谷电价、阶梯电价等因其电价机制固定，容易使充电用户集中于低价时段充电，造成新的负荷高峰。动态电价则根据电网的负荷水平和用户的接入情况，动态制定每个用户的充电电价，通过用户自主响应、调整起始充电时间，达到有序控制充电负荷的目的。

2. 空间维度控制的有序充电

充电站的选址不仅需要考虑电网条件和充电需求，还需考虑地理条件、环境影响、道路交通等因素。目前，部分研究者考虑从空间尺度开展有序充电，通过改变充电点的运行成本与充电排队等待时间等，优化充电负荷的空间分配。

第二节　电采暖设施

为改善环境、缓解大气污染问题，我国北方地区实施了以电代煤、以电代油等电能替代工作。电采暖是将电能转化为热能，采用直接放热或通过热媒在供暖管道中循环放热的采暖方式。根据供暖面积大小，电采暖可分为分散式电采暖方式及集中式电采暖方式。其中，分散式电采暖方式主要采用直热式电暖器、蓄热式电暖器、蓄热式电锅炉、空气源热泵、地源热泵等；集中式电采暖方式主要采用集中式蓄热电锅炉和集中式空气源热泵。此外，部分地区试点开展了太阳能取暖（光热＋、光伏＋）、超导聚热式电采暖、石墨烯电发热膜等新型清洁采暖技术。

一、集中式电采暖

（一）技术原理

集中式电采暖是热源和散热设备分别设置，由热源通过热媒管道向企事业单位或多个用户供热的大型电采暖设备。其中换热站的设置与否和热源与用户间的距离有关。该方式通常由专业工作人员进行维护，供热效果稳定、质量较高、运行成本较低。

1. 集中式蓄热电锅炉

集中式蓄热电锅炉如图 4-2 所示，利用午夜低谷时段存储电力，通过发热介质将电能转化为热能存储于固体蓄热体中，温度可从常温直至 800℃。集中式蓄热电锅炉可采用 10kW 直接入柜进行加热，在负载需要热量供给时，将蓄热体中的热量换出成为高温热空气，高温热空气经过热管式换热器后加热水，供暖单位利用热水实现供暖。

图 4-2　集中式蓄热电锅炉

固体蓄热式电锅炉的蓄热介质通常化学性质稳定、蓄放热速率快且相对水蓄热罐占地面积较小，但也存在价格较贵，维修复杂等问题。适用供热范围从几万平方米到几十万平方米。设备功率有 50、100、200、300、500、600kW 等，单台最大功率可达到 5000kW。

2. 集中式空气源热泵

集中式空气源热泵如图 4-3 所示，主要由压缩机、蒸发器、冷凝器和膨胀阀构成，机组内部的制冷工质通过吸收空气中的热量实现在蒸发器内的汽化，汽化后的工质进入压缩机中，并在压缩机的驱动下实现逆卡诺循环的升温，最后工质进入冷凝器发生液化，气液转换过程中释放的热量对水箱中的水实现加热。因供热循环采用水循环，集中式空气源热泵均为冬季单向制冷形式。电能转换效率受环境温度影响较大，能效比在 1:2.2～3.3。

适用供热（冷）范围从几百到上万平方米。设备制热功率主要有 20.5、33.2、40.8、44.3、55.4、66.5kW 等。

图 4-3　集中式空气源热泵

（二）适用场合

集中式电采暖适用于城市、企业等人口密集程度较大的地区，多应用于传统热力管网完善的北方城镇地区。集中供暖的方式热能利用率高、散失少，技术成熟，采暖成本较低，具有较强的稳定性和安全性。其缺点在于温度调节难度较高，难以满足人们对于温度多样化的需求。

二、分散式电采暖

（一）技术原理

分散式电采暖热源和散热设备分别设置或为一体，由热源向单个用户供热的小型电采暖设备。

1. 直热式电暖气

目前推广的直热式电暖器碳晶电暖器以碳晶电暖器为主。碳晶电暖器通过向碳晶颗粒中通电流产生热能，以辐射和对流方式向外散热，其电热转换效率高达 98%以上。碳晶电暖器属于直热式设备，不具备储热条件，系统即用即开、不用即停。

2. 蓄热式电暖器

蓄热式电暖器如图 4-4 所示，采用耐高温的电发热元件通电发热，加热特制的蓄热材料——高比热容、高比重的磁性蓄热砖，再用耐高温、低导热的保温材料将贮存的热量保存住，按照取暖人的意愿调节释放速度，慢慢地将贮存的热量释放出来。通过发热元件将电能转化为热能，利用夜间电网低谷时段完成电、热能量转换并贮存，在电网高峰时段，将贮存的热量释放出来，实现全天 24h 室内供暖。电热转换效率约为 1:1（1kWh 电只能转换为相当于 1kWh 电的热量）。

分散式蓄热式电暖器一次性投资少，改造和安装简便，但是对房屋保温性能要求较高，一般设置在用户房间内，户均 2～3 台设备，单台功率有 1.6、2.8kW 等。

3. 蓄热式电锅炉（户用）

蓄热式电锅炉如图 4-5 所示，用蓄存的热量加热循环水实现供暖，蓄热装置与家庭水暖的暖气片连接，通过循环水对室内进行加热，电热转换效率约为 1:1。蓄热式电锅炉采暖效果较好，同时投资也相对较高，占

图 4-4 蓄热式电暖器

用空间较大。单台分散式蓄热电锅炉的供热面积一般在 100～180m^2，设备功率有 6.2、12、15、18kW 等。

图 4-5 蓄热式电锅炉

4. 空气源热泵（户用）

空气源热泵原理与集中式空气源热泵类似，利用电能通过传热介质进行室

内与室外空气的热量交换，利用空气中的热量作为低温热源，经过冷凝器或蒸发器进行热交换，并提取或释放热能，实现冬季供暖，夏季制冷。

空气源热泵具有高效、环保、节能等特点，不仅有较高的加热效率，同时可以实现一机多用的功能，在保证供暖效果的基础上，为用户提供生活热水，且在停暖时也能够实现对生活热水的提供。但由于空气能是分散能源，制热速度慢。另外，空气源热泵容易出现结霜问题，电能转换效率受环境温度影响较大，转换效率为 1:2.2～3.3。受地域限制，空气源热泵更适合在中南部使用。空气源热泵为全天用电，不具备蓄热功能。户均电采暖设备功率 4.8kW。

5. 地源（水源）热泵

地源（水源）热泵与空气源热泵原理相同，区别在于其吸收的热量是蕴藏于土壤（地下水或湖泊中）的能量，循环再生，实现对建筑物的供暖和制冷。地源热泵根据地热能赋、埋深及温度，可分为浅层地热能、中深层（水热型）地热能及干热岩。中深层（水热型）地热资源，按温度可划分为高温地热资源（≥150℃）、中温地热资源（≥90℃且＜150℃）、低温地热资源（＜90℃）三种类型。由于地热稳定，电热转换效率更高，约为 1:4（制热效果受泵机功率及地热温度影响）。

地源热泵一机多用，应用范围较广。地源热泵系统可供暖、空调使用、提供生活热水；可应用于宾馆、商场、办公楼、学校等建筑，更适合于别墅住宅的采暖和制冷。地源热泵对资源、施工等要求较高，一次性投入高，为全天用电，不具备蓄热功能。户均安装设备一台，约 4kW 左右。

（二）适用场合

分布式电采暖布置在每个用户家庭内部，可以灵活设置电采暖的初始温度、供热功率、运行时间等信息，具有较强灵活性。分散式电采暖适用于热力管网未普及的农村地区。

三、新型清洁采暖

（一）光热＋

"光热＋"清洁取暖示意图如图 4-6 所示，"光热＋"清洁取暖系统主要包括太阳能真空管集热器、集热水箱、循环管道、循环泵及末端散热装置。利用太阳能将水加热，并储存于保温水箱，通过循环水泵将热水输送至室内散热装置。当出现连续阴天时，太阳能系统将不可用，需用户因地制宜采用其他采暖方式（电辅助加热、空气源热泵、清洁燃料等）进行补充，最大限度满足农村住宅供暖需求。

图 4-6　"光热＋"清洁取暖示意图

（二）石墨烯电发热膜

石墨烯电发热膜采暖示意图如图 4-7 所示，其主要材料是一种通电后能发热的半透明聚酯薄膜，工作时电热膜发热，将热量以辐射的形式送入房间，属于低温辐射方式采暖，人体感觉温暖舒适。石墨烯电发热膜导热、导电性能良好，电热转换率达 95%以上；设备通过红外波段散热，热传导效率高，加热快，5min 快速升温，对人体无害且有治疗功效；热稳定性好，热功率稳定，使用寿命长达 20 年；可根据设定温度智能停启，有响应电网调峰的能力；美观易装，可定制为石墨烯壁画、地板等多种型式。

图 4-7　石墨烯电发热膜采暖示意图

第三节 多能转换设备

综合能源系统作为能源互联网的物理基础，在能源互联网运行分析、优化和调度中扮演着至关重要的作用。国内外关于综合能源系统的研究还正处于起步阶段，具体的理论、方法和技术研究工作亟待开展。

一、冷热电三联供

（一）技术原理

冷热电三联供是指以天然气等燃料为主要能源驱动燃气轮机或内燃机等燃气发电设备运行，在满足用户电力需求的同时，利用系统排出的废热通过余热锅炉等设备向用户供热、供冷。三联供系统实现能源的梯级利用，其能源综合利用效率高达 80% 以上，典型能量梯级利用如图 4-8 所示。

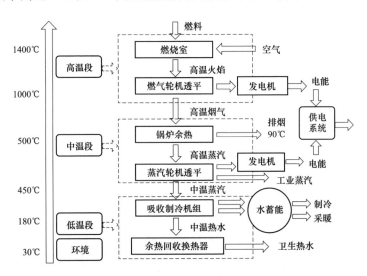

图 4-8　三联供技术中能源梯级利用示意图

燃气三联供系统主要由燃气供应系统、动力系统、供配电系统、余热利用系统、给排水系统、通风系统、消防系统等组成，其中动力系统和余热利用系统是三联供系统的核心部分。目前，国内较常用的三联供系统主要是燃气内燃机和燃气轮机为发电机组的三联供系统。

（二）适用场合

冷热电三联供具有良好的供能可靠性，在出现不可抗自然灾害或电网事故导致大面积停电时，燃气冷热电三联供系统可为楼宇或者工业区提供稳定不间断的电力负荷、热负荷和冷负荷。

同时，三联供技术具有较强的环保性，有助于节能减排；具有较强的集成性，可以有效地与生物质、太阳能、地热能、余压余热余气等多种能源形式实现耦合互补，带动新能源的消纳。

（三）技术关键制约因素

目前天然气三联供技术方面的主要制约因素体现在成本与技术两方面。成本方面，天然气冷热电联产系统（combined cooling heating and power，CCHP）与传统的集中发电、供热、供冷系统相比较，单位造价较高，投资成本相对较大。加上日常的设备运行、维护等，需要政府部门的政策支持和资金补贴才能具有一定经济性；技术方面，我国生产的小功率燃气轮机和微燃机较少，天然气 CCHP 技术尚不够成熟。此外，CCHP 技术对运行和维护人员提出更高的技术要求。

（四）发展趋势及待攻克的技术问题

燃气冷热电三联供技术已成为现阶段能源发展的一大热点。国家发展和改革委员会发布的《关于加快推进天然气利用的意见》中提出要大力发展天然气分布式能源，建立天然气分布式能源示范项目。燃气冷热电三联供项目正处在我国油气和电力体制改革机遇期，在未来将迅速发展并成为能源利用重要组成部分。未来，三联供技术可融入智能微电网，通过智能微电网的智能管理和协调控制系统，更好地发挥天然气三联供的运行灵活、能效高等优势，形成以天然气分布式能源为基础的智能供能区域。

二、电转气（P2G）

（一）技术原理

电转气（power to gas，P2G）技术使得能量从电力系统流向天然气系统，与燃气发电相结合，实现了能量的双向流动和电—气双向耦合。电转气包括电转氢气和电转甲烷两类，技术原理为电解水反应、电解水和甲烷化反应。电转气装置与多能源系统的连接示意图如图 4-9 所示。

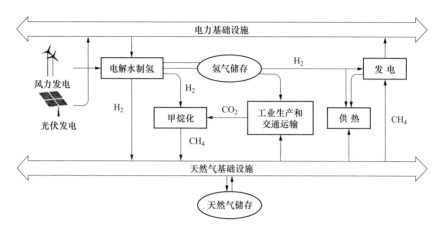

图 4-9 电转气装置概念图

（二）适用场合

电转气技术适用于能源互联网的建设场景，推动能源互联网中多方的共赢。电力系统方面，该技术提供了提高可再生能源消纳能力的新途径，有利于提高光伏发电收益；天然气系统方面，可通过存储、传输天然气获利。但与其他储能技术相比，电转气技术的效率较低、成本较高，距离大规模应用尚需一定时间。

三、余热锅炉

（一）技术原理

余热锅炉是综合利用工业炉余热的一种辅助设备，一般安装在烟道里面，通过吸收排放烟气的余热（废热），生成蒸汽并供热。余热锅炉与一般锅炉的区别在于，余热锅炉不需用燃料，通过利用烟气余热来产生蒸汽，虽然一次投资较大，但若蒸汽能充分利用，则投资可在 4~6 个月内回收。相对一般锅炉来讲，余热炉烟气温度较低，故所需的受热面积比一般锅炉大。

（二）适用场合

余热锅炉具有性价比高、体积小、质量轻以及能耗低等优点，但余热锅炉的热负荷不稳定，并且随着生产周期而变化，余热锅炉吸收的烟气中含尘量较大，并且具有一定腐蚀性。同时，余热锅炉利用受安装场地、前端工艺的衔接性等条件限制。

燃机余热锅炉的循环方式分为受热面水平布置的强制循环和受热面垂直布置的自然循环两类。其中，强制循环锅炉需配置循环泵，依靠循环泵的压头实现蒸发器内的水循环，主要用于燃机燃用重油等含灰较多燃料、受热面需吹灰和清洗的情况；自然循环主要靠下降管和受热的蒸发管束中工质的密度差实现循环，主要用于燃机燃用天然气、轻油等清洁燃料的燃机余热锅炉。

四、冰蓄冷空调

（一）技术原理

在夜间负荷低谷时，通过电制冰将冷量储存在蓄冰装置中，白天电力负荷高峰时，通过融冰将所储存的冷量释放出来，减少电网高峰时段空调用电负荷，实现削峰填谷和峰谷套利。

（二）适用场合

冰蓄冷空调具有节能、削峰填谷等优点，可减缓电厂和供配电设施的建设，减少制冷机主机的容量。但冰蓄冷与低温送风相结合的系统存在空气中水蒸气凝结的难题，对管道的保温提出了更高的要求。同时，由于大温差送风，使得系统的送风量较小、流速较低，进而影响了室内的空气品质。

与常规空调相比，冰蓄冷技术增加了冰水系统，导致控制困难，空调水温极不稳定，难以保证供冷质量。同时，冰蓄冷系统的放冷速度开始时较快，后期逐渐变慢，最后仍有部分冷量无法使用。类似地，开始时蓄冷速度较快，后期逐渐变慢。冰蓄冷系统的固有特性进一步增加了控制难度。

第四节 需求侧响应技术

一、需求侧响应的内涵

需求响应（demand response，DR）是电力需求侧响应的简称，是指电力市场中的用户针对市场价格信号或者激励机制做出响应，并改变正常电力消费模式的市场参与行为。供电企业可通过需求响应来直接控制负荷或者通过价格来引导用户的用电行为，实现电能的优化配置。同时，相比于传统电网，需求侧响应资源也可以提供电力系统辅助服务，作为电力系统的调频备用、旋转备用、非旋转备用等。根据调节手段的不同，需求响应可以分为基于价格的 DR 和基于激励的 DR。

基于价格的 DR，指用户根据价格变化对用电量进行调整，主要包括分时电价、实时电价及尖峰电价三种方式。通常负荷值与电价呈负相关关系，即电价升高，用户降低该时段的负荷值；电价降低，用户增加该时段的负荷值，以期达到用电费用较低的目的。虽然参与 DR 的用户需要跟电力企业签订有关合同，但用户可以根据自己的用电情况确定响应方式及时间。从本质上来说，这种需求响应仍然被看作是不可调度的资源。

基于激励的 DR 是指用户通过增降负荷的方式在系统不稳定或者电价较高的时候能够及时做出响应的一种方式。电力企业与电力用户事先签订合同，合同中应该明确对积极参与的用户做出的补偿以及未及时按要求做出响应的用户给予惩罚等，这种需求响应是可调度的响应资源。激励型需求响应的响应方式有直接负荷控制（direct load control，DLC）、可中断负荷（interruptible load，IL）、紧急需求响应（emergency demand response，EDR）等多种情况。其中 DLC 用户通常为具有热储存能力且短期断电对生活影响较小的负荷。通过供电企业与用户签订合约，提供一定经济补偿，在用电高峰对该类负荷进行直接控制。EDR 模式是指用户在系统运行故障时主动参与减负荷获得经济补偿的方式。IL 模式允许用户自行切除一些负荷，在用电量处于高峰时，运营商借助智能电表向用户给出中断信号，用户自行决定如何响应。

需求侧响应技术结构图如图 4-10 所示。

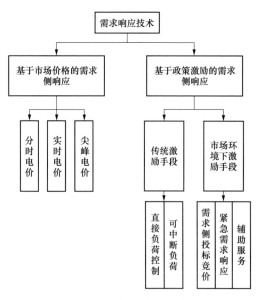

图 4-10　需求侧响应技术结构图

二、需求侧响应技术模型

（一）基于价格的 DR

用户对电价的响应模型分为基于需求弹性的电价模型和基于消费者心理学的电价模型。

基于需求弹性的电价模型指利用需求弹性系数描述用户对于电价的反应。电力需求价格弹性主要体现了用户对电价变化的一个敏感程度，数值越大表明用户对电价变化表现出的用电需求变化越大。

基于消费者心理的电价模型从消费者心理学的角度，引入负荷转移率描述用户对电价的响应程度。当用户对价格的变化根本无响应或者响应特别小时，称为不敏感区（死区），拐点为最小可觉差值（差别阈值）；在超出差别阈值时，用户对价格变化的响应与刺激程度有关，即正常响应区（线性区）；但用户对价格变化的响应有一个饱和值，当持续改变价格时，刺激程度会达到饱和状态，也就是处于极限响应区（饱和区）。

（二）基于激励的 DR

基于激励的 DR 通常由调度中心决定需求响应的响应时间及响应方式，即调度中心会根据用户上报的容量、申请补偿的情况及系统的运行状况做出直接的控制要求。用户是否会积极地参与激励型需求响应，关键因素是用户补偿机制能否健全实施。

通常电网公司根据当前运行状态下的供电缺额确定负荷削减需求，用户比较响应成本与收益以及未响应部分的惩罚，优化求解使自身获利最大的实际削减比例。其实质是在响应负荷的持续时间、响应速率等约束下，实现激励型响应负荷的最优调度决策。

三、需求侧响应市场框架

（一）需求响应的市场构成要素

需求响应对项目参与者的影响与响应的方式、时间、规模、频率、持续时间、补偿或激励等密切相关。需求响应的构成至少包括如下 4 个方面：

（1）参与对象与市场主体。2016 年发布的国家标准《电力需求响应系统通用技术规范》中定义了 5 类需求响应的参与者，即电能供应商、需求响应监管者、需求响应服务管理者、需求响应聚合商和电力用户。需求响应聚合商和电力用户可以统一为需求响应提供商。需求响应提供商既可是专门从事需求响应的第三方公司，也可是作为需求响应聚合商的售电公司，还可以是负荷量超过给定阈值的电力大用户。

（2）参与方式与参与条件。激励型需求响应项目一般以签订合同的形式约定需求响应参与者的权利和义务、需求响应触发条件、响应任务提前通知时间与通知方式、最大响应频率及响应时长与奖惩规则等。价格型需求响应项目的实施方式主要分为用户选择参与和用户选择退出两种。电力用户可自愿选择参与某个电价项目，并按照其选择的电价方案进行计费，对于没有进行方案选择的用户则执行缺省电价。售电公司或电网企业也可强制要求所有用户缺省参加某个电价项目，除非用户主动选择退出该默认方案。实践证明，用户选择退出方式可获得更高的需求响应参与率，甚至可达用户选择参与方式的4~5倍。

（3）收益与惩罚。需求响应的收益包括需求响应购买者的收益与需求响应参与者的收益。需求响应参与者的收益取决于负荷削减量、市场出清价格、响应时长与所参与需求响应项目类型等。其中，负荷削减量的计算涉及对用户基线负荷的规定和测量。相应地，在用户的需求响应资源需要被调用时，如果用户没有按合同约定实施需求响应，则可能会受到处罚。价格型需求响应没有惩罚，激励型需求响应的收益与惩罚应当在合同中予以明确规定。

（4）需求响应软硬件基础设施。需求响应的软件基础设施指需求响应系统（包括服务系统、聚合系统和需求响应终端）、需求响应管理系统、需求响应监管系统和用户能源管理系统等；硬件基础设施包括智能电能表、高级计量装置、自动控制装置等。

（二）需求响应的结算

电费结算包括年度结算和月度结算，由交易机构负责向市场主体出具结算依据。激励型需求响应用户在每次执行需求响应后，都需要电力调度部门对其进行考核，未通过考核的用户将在月终结算或年终结算中受到惩罚。

第五节　综合需求侧响应技术

需求响应是需求侧参与电网灵活互动的重要途径，在能源互联网中衍生为综合需求响应（integrated demand response，IDR），即利用气、电、冷、热等不同形式能源间的耦合互补关系，在需求侧进行包含可调负荷、储能和分布式产能/能源转换设备的协同优化，激发综合能源网络的灵活性，提升能源利用效率，降低供能和用能成本。

一、综合需求响应的概念

电力需求响应是需求侧负荷在横向时间上的转移，存在影响用户舒适度、用户参与积极性不高、难以充分激发负荷响应潜力、紧急状态下响应能力不足等问题。因此，在综合能源网络中将传统电力 DR 进行衍生和扩展，提出了 IDR 概念。

IDR 在需求侧将能量种类视为纵轴、时间视为横轴，充分利用通信技术、分布式储能、分布式能源转换设备等，将横向时间上的转移和用能削减，更新为用能种类转换与时间转移相结合，有效激发负荷柔性。

综合能源网络中任意相连的两点按能量流动方向可视为能源供给侧与能源需求侧。宏观而言，IDR 实施方是一个对下层能量网络具有控制能力并承接上级能量网络任务的能量传输平台，包括市场层、信息层、传输层（物理网络）与实施层（需求侧），通过实时监测需求侧的各项状态，根据上层市场/激励信号历史信息，对每种能流负荷和价格进行超短期预测，实现相应优化目标下的需求侧控制。能源需求侧的规模可为一个家庭或者一栋智能楼宇，也可为社区网络或者工业园区，甚至可扩展至整个城市能源网络。IDR 的管理范围包括需求侧拥有的能源转换设备、分布式产能设备及灵活负荷等。

在时间与能流间转换的综合需求响应物理架构示意图如图 4-11 所示。

二、综合需求响应模型

根据电力 DR 对需求侧负荷的分类与上文所述 IDR 的基本概念和管理范围，将用户自主响应的负荷分为削减负荷、转移负荷、转换负荷三种类型，并建立相应负荷响应模型。

（一）可削减负荷和可转移负荷模型

可削减负荷为用户根据价格信号或者激励机制削减或增加某种能源的用量，包括照明负荷、空调、供暖设备等。可削减负荷的建模方法分为考虑各器件特性及热力学特征的精细化建模或经济学因素为主的聚合建模。可削减负荷的约束主要包括可调范围约束、响应时间约束、响应速率约束等。

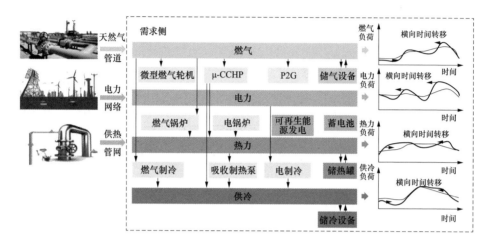

图 4-11　综合需求响应物理架构示意图

可转移负荷指在优化/控制时间内，总用能量近似不变，但可进行时间上的平移和调节的用能器件，包括洗衣机、电动汽车、蓄电池、储气/热罐等，其建模方法主要包括针对各器件特性的精细化建模和以整体运行特性为主的聚合建模。可转移负荷的约束主要包括容量约束、充放功率约束、运行顺序、转移时间等。

（二）可转换负荷模型

能量转换设备向需求侧提供了不同能源间的转换能力，通过合理配置需求侧的能源转换设备，可以在匹配上级能源网络需要的同时，提升下级用户的用能舒适度。需求侧典型能量转换设备包括微型燃气轮机、微型 CHP、P2G 等。

综合负荷响应模型中包含用能负荷、能量转换设备、储能装置和双向通信智能管控装置等，可用综合负荷模型描述各类负荷和设备的组合关系，实现需求侧可转换负荷综合外特性的等效建模。

三、综合需求响应优化运行技术

综合能源系统负荷特性与能源种类、用能时间、地区等密切相关，如冷、热负荷属于季节性负荷，对居民和商业用户而言，夏季以冷负荷为主，峰值出现在午间，而冬季以热负荷为主，峰值集中在夜间和凌晨。天然气负荷呈现明显的日内规律，分为早中晚 3 个高峰；天然气负荷同时受气象和日期影响较大，日内峰谷明显。

多能用户可通过合理选择 IDR 行为，在响应上级运行需求的基础上，有效利用多种能源间耦合关系和峰谷时间差异，实现自身用能与综合能源网络的协调优化运行。

（一）终端用户的 IDR 运行优化技术

根据 IDR 参与者规模大小和优化目标不同，可分为两类：①第一类优化目标为自身用能费用最低或售能费用最高，以自身舒适度和器件运行为约束，该类用户以居民家庭或规模较小的终端用户为主；②第二类优化目标为社会利益最大化或运行费用最低等综合优化目标，该类用户以负荷聚合商为主。

（二）负荷聚合商的 IDR 运行优化技术

负荷聚合商是终端用户和综合能源传输网络之间的一个接口，以自身为需求主体，参与 IDR 并调节、转换和传递能量，并满足终端消费者需求。相较终端消费者而言，负荷聚合商规模更大并与网络直接相联，通常具有更多的责任和约束。考虑 IDR 的负荷聚合商通过能量转换设备，可以提高用能灵活性、更加便捷地参与价格调峰、提升能量转换经济性等，有利于降低供能和网络运行成本。

四、综合需求响应的市场机制

电力 DR 和 IDR 的核心均在于利用市场机制引导用户科学用能，满足系统的运行要求。市场机制的设计会对用户的参与积极性和响应效果产生较大影响。

考虑到 IDR 是电力 DR 在多能网络上的扩展和延伸，更加强调系统的灵活性，通常选用基于价格的市场机制引导用户和聚合商优化自身运行特性，如图 4-12 所示。目前国际上对电价机制研究较多，包括分时电价、固定尖峰电价、浮动尖峰电价和实时电价等。天然气鉴于管道自身的存储能力，与需要实时平衡的电网存在较大差别，通常选择固定价格定价。但为了更好地引导用户的用能行为，部分学者开展了天然气等其他能源实时价格定价机制的相关研究。

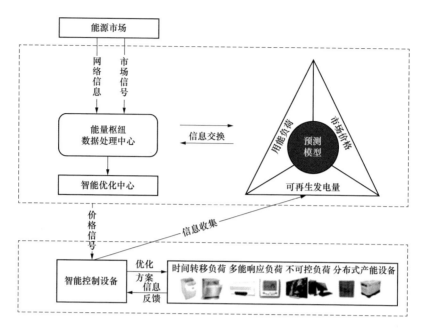

图 4-12　价格信号交互的协调优化模型

参 考 文 献

[1] 王启越，罗运俊，宋瑞，等. 新能源汽车充换电技术应用浅析 [J]. 汽车实用技术，2021，46（16）：195-197.

[2] 高赐威，吴茜. 电动汽车换电模式研究综述 [J]. 电网技术，2013，37（4）：891-898.

[3] 程时杰，陈小良，王军华，等. 无线输电关键技术及其应用 [J]. 电工技术学报，2015，30（19）：68-84.

[4] 范兴明，莫小勇，张鑫. 无线电能传输技术的研究现状与应用 [J]. 中国电机工程学报，2015，35（10）：2584-2600.

[5] 高大威，王硕，杨福源. 电动汽车无线充电技术的研究进展 [J]. 汽车安全与节能学报，2015，6（4）：314-327.

[6] 刘晓飞，张千帆，崔淑梅. 电动汽车 V2G 技术综述 [J]. 电工技术学报，2012，27（2）：121-127.

[7] 王伊琳，张清勇，龚康，等. 集中式 V2G 技术的研究综述 [J]. 山东工业技术，2017（18）：13-14.

[8] 安佳坤，齐晓光，习朋，等．电采暖对配电网规划的影响与适应性分析 [J]．上海电气技术，2018，11（4）：23-27．

[9] 赵国华．太阳能采暖系统设计的优化研究 [J]．城市建设理论研究（电子版），2015（7）：1109-1111．

[10] 韩高岩，吕洪坤，蔡洁聪，等．燃气冷热电三联供发展现状及前景展望 [J]．浙江电力，2019，38（1）：18-24．

[11] 李谦，尹成竹．电转气技术及其在能源互联网的应用 [J]．电工技术，2016（10）：109-111．

[12] 刘琳．冰蓄冷空调技术的应用及前景 [J]．科技展望，2015，25（1）：100-101．

[13] 伍伟华，庞建军，陈广开，等．电力需求侧响应发展研究综述 [J]．电子测试，2014（3）：86-94．

[14] 徐筝，孙宏斌，郭庆来．综合需求响应研究综述及展望 [J]．中国电机工程学报，2018，38（24）：7194-7205，7446．

第五章　配电网通信技术发展

为实现对配电设备实时远程监控、调整、运行和维护，配电网的通信是必不可少的。按照传统的分类方法，配电网通信可分为有线通信和无线通信两种方式。其中，有线通信方式包含光纤通信、RS-485 通信及高速电力线载波通信等；无线通信方式包含 Wi-Fi、LoRa、微功率无线等无线通信技术，5G 移动通信技术及北斗卫星导航通信技术。

本章将重点介绍几种目前主流的配电通信技术。

第一节　有 线 通 信 技 术

一、光纤通信

（一）技术原理

光纤通信是以光作为信息载体，以光纤作为传输媒介的通信方式，具有可靠性高、保密性好和抗干扰能力强（适用于强电磁的场合）、高带宽及传输距离远等优点。目前，应用于配电网的光纤通信技术主要有以太网无源光网络（ethernet passive optical network，EPON）和工业以太网。

EPON 是一种采用点到多点的单纤双向光接入网络，支持分路比为 1:32 或 1:64，可提供上下行对称的 1.25Gbit/s 传输速率，最大传输距离为 20km，其典型结构如图 5-1 所示。

EPON 系统由通信站侧的光线路终端（optical line terminal，OLT）、光分配网络（optical distribution network，ODN）和用户侧的光网络单元（optical network unit，ONU）组成。一般情况下，EPON 系统下行采用广播方式、上行

采用时分复用方式，可以灵活组成树型、环型、链型等拓扑结构。

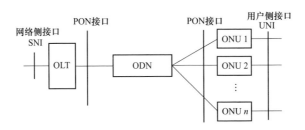

图 5-1　EPON 系统结构图

如图 5-2 所示，在电力终端通信接入网中多采用手拉手主备冗余组网方式。如果光纤发生了两处断裂，每个 ONU 还是可以和某一个 OLT 实现通信，保证了网络的可靠性。

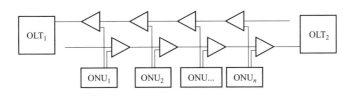

图 5-2　手拉手主备冗余组网示意图

工业以太网技术是基于以太网技术和 TCP/IP 技术基础上的一种工业网络，一般指在技术上与商业以太网（IEEE802.3 标准）兼容，但在产品设计时，材质的选用、产品的强度、适用性及实时性等方面能够满足工业控制现场的需要，也就是满足实时性、可靠性、安全性及安装方便等要求的以太网。工业以太网组网宜采用环形拓扑结构，同一环内节点数目不宜超过 20 个。

工业以太网技术的优势主要体现在能适应极端环境（如电磁干扰、高温和机械负载等），稳定性强，且由于这种工业级设备的工业设计及冗余技术，使得可靠性较高。

（二）适用场景

光纤专网的投资成本主要包括工程建设费用和光缆材料费用，若采用光纤接入每个终端，其造价将远高于其他通信技术。从经济性角度分析，光纤专网主要用于大数据量的通信场景。

对于配电网应用的两种光纤通信技术而言，EPON 技术适用于网络规模大、终端节点众多、业务类型多样、通道容量较大的场景，如视频监控、基站或集中器上传至通信骨干网等；工业以太网技术适用于具有较高可靠性需求的业务场景，如配电自动化"三遥"、分布式电源、精准负荷控制等。

（三）关键制约因素

（1）光纤通信成本高、运维难度大。尽管在"光纤之父"高锟的研究下，制作光纤的成本大大降低，使得光纤通信成为主流的通信方式之一。但是对于配电网而言，出于铺设距离和工程费用的考量，使用光纤通信的成本依然很高。与此同时，光纤敷设需要注意弯曲角度、腐蚀程度等问题，相对来说易被损坏，运维难度大。

（2）"电子瓶颈"的限制。光通信具有超高速、超大带宽等优势，但电—光—电的转换过程大大限制了信息传递的速率，这种"电子瓶颈"导致光纤优势无法完全体现，从而影响了网络吞吐能力。

（3）光纤中的非线性效应。当光功率过大时，将导致非线性效应的产生，如自相位调制、交叉相位调制、四波混频等。非线性效应会导致功率损耗，波长间产生串扰，降低系统信噪比，大大影响通信质量。

（四）发展趋势

光纤通信从最初的低速传输发展到现在的高速传输，已成为支撑信息社会的骨干技术之一。今后，随着社会对信息传递需求的不断增加，光纤通信将向超大容量、智能化、集成化的方向演进，在提升传输性能的同时不断降低成本，为服务民生、助力国家构建信息社会发挥重要作用。

二、RS-485 通信

（一）技术原理

RS-485 是用于串口通信的接口标准，由 RS-232、RS-422 发展而来，属于物理层的协议标准。RS-485 数据传输速率在 1Mbit/s 以下，最大覆盖距离 1200m。

RS-485 通信的典型组网架构为总线式拓扑结构，如图 5-3 所示，由一个主机和多个从机组成，采用两条差分电压信号线进行信号传输，实现多点双向通信。

主机首先将包含地址的数据通过 RS-485 接口转换为差分信号在总线上传输；总线上的所有从机监听该差分信号、将其转换为数据，并将数据中包含的地址与自身的通信地址进行比较，如果地址信息相符，则主机和从机之间的通信得以建立；一次通信结束以后，总线上所有的从机继续监听总线传送的数据。

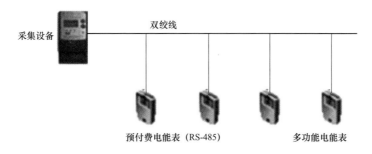

图 5-3 RS-485 通信的典型组网架构

（二）适用场景

RS-485 采用差分信号进行数据传输，可有效抑制共模干扰，抗空间干扰性能强，且具有较高的通信速率，多用于空间干扰较大或对数据实时性要求较高的系统中。在电力领域，RS-485 通信方式多用于主站与集中器之间，利用专用通信总线把集中器和主站安全、可靠地连接起来，除非设备接口硬件损坏，或者线路断开，系统会一直保持很好的通信效果和抄收成功率。但主站与集中器的距离过远，仍会影响其通信速率和通信效果，因此适用于小型的抄表系统。

（三）关键制约因素

就实际应用而言，RS-485 是一种低成本、易操作的通信系统，但是受制于总线式拓扑结构的限制，一个节点出现故障会导致系统整体或局部的瘫痪，这严重影响了 RS-485 通信系统可靠性。此外，信号在双绞线中传输产生的信号反射、信号衰减及纯阻负载也会影响 RS-485 通信速率和可靠性。

（四）发展趋势

目前，RS-485 的发展已经非常成熟，其系统运行稳定，已成为业界应用最为广泛的标准通信接口之一。RS-485 所具有的噪声抑制能力、数据传输速率以及控制方便、成本低廉等优点，使其广泛应用于工厂自动化、工业控制、小区监控、自动测控等领域。

三、HPLC 通信

（一）技术原理

高速电力线载波通信（high-speed power line communication，HPLC）也称

为宽带电力线载波通信，是一种在低压电力线上进行数据传输的宽带电力线载波技术。由于电力线普及范围广泛，HPLC 技术具有成本低、覆盖大等优点。

HPLC 主要采用正交频分复用技术，在给定频域范围内将信道分成几十乃至上千个独立不同、两两正交的子信道，在每个子信道上使用一个子载波进行调制，并且各子载波并行传输数据，从而提高频带利用率。同时，子信道信号满足两两正交的关系，消除了子信道之间的干扰。采用 HPLC 通信技术，还能有效抵抗多径干扰，即使是在外部环境受到严重干扰的情况下，也可提供高带宽并且保证带宽传输效率，从而实现数据的高速可靠通信。

HPLC 的技术频段为 0.7M～12MHz（频段可配置，包含 2.4M～5.6MHz、2M～12MHz、0.7M～3MHz、1.7M～3MHz 四个频段），单跳传输距离可达 700m，物理层速率可达 100Mbit/s；接入节点规模可达 1023 个。

HPLC 网络架构如图 5-4 所示，HPLC 通信网络一般会形成以中央协调器（central coordinator，CCO）为中心、以代理协调器（proxy coordinator，PCO）为中继代理、连接所有站点（station，STA）多级关联的树形网络。

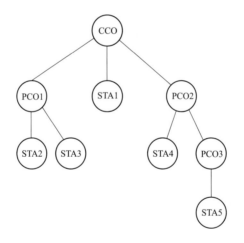

图 5-4　HPLC 网络架构

HPLC 的主要技术指标如表 5-1 所示。

表 5-1　HPLC 技术指标

指标名称	通信性能
工作频带	0.7M～12MHz

续表

指标名称	通信性能
功率频谱密度	频带内不大于−45dBm/Hz，频带外不大于−75dBm/Hz
通信速率	不小于1Mbit/s
网络时延	网络平均时延应小于30ms
长时间传输特性	上/下行丢帧率小于10^{-2}
抗衰减性能	应不小于85dB

（二）适用场景

目前，HPLC主要应用于电力领域中的用电信息采集系统。基于HPLC技术可实现高频数据采集、停电主动上报、时钟精准管理、相位拓扑识别、台区自动识别、ID统一标识管理、档案自动同步、通信性能检测和网络优化等功能。此外，HPLC还可在电力物联网中的电网低压用电设备检测、停电类型研判中得到应用。

1. 电网低压用电设备检测

采用HPLC技术能强化电网低压用户电压质量的检测能力，在实际操作环节，技术人员使用过零点检测机制实时获取用户过电压情况，并结合电力网络的整体布局，对用户端输入电压开展持续性检测，根据数据信息快速调整电力网络运营、检修方案，以保证合理调控电压质量，为电压质量的管理提供数据支撑。

2. 停电类型判别

采用HPLC技术可以主动上报停电信息，并根据停电信息判定分支停电、单户停电、台区停电等事故，便于电力企业管理人员制订电力网络故障排除方案，提升电力网络故障抢修的精准度和电力服务的满意度。

（三）关键制约因素

由于电力系统输电线其自身的特点，输电线上会存在游离放电电晕、绝缘闪络等现象，给通信信号造成噪声干扰。同时，断路器重合闸及检修线路等情况出现，也会导致通信信号中断。因此，电力线载波通信将面临信号衰减、噪声、强脉冲干扰等问题。

（四）发展趋势

为满足快速增长的通信数据需求，国家电网公司已全面推广HPLC通信技术应用。相比传统的窄带低频载波技术，基于 HPLC 的高速电力线通信，能够实现一次采集成功率 100%、双向快速通信、高频数据采集、主动报送停电信息等功能，并且电力线在高频段的噪声相对较弱，其通信速率、抗干扰性、可靠性得到显著提升，为居民和企业更好地实施需求侧管理、有序用电提供依据，为能源互联网场景深化应用奠定基础。

第二节　无 线 通 信 技 术

一、微功率无线通信

（一）技术原理

微功率无线通信是工作在计量频段 470M～510MHz、发射功率不超过 50MW 的一种无线通信方式。微功率无线通信网络采用频率复用及跳频技术，具有较好的频率利用率、网络扩展性和通信可靠性，具有工程安装简单、速率快、容易维护和成本低等优点，但传输距离会一定程度受到安装环境的影响。

应用于电网领域的微功率无线网络架构如图 5-5 所示，由一个主节点和多个子节点构成无线自组织网络。

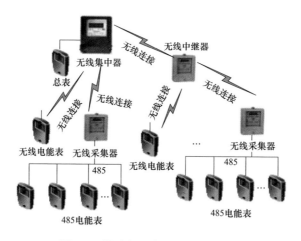

图 5-5　微功率无线网络架构示意图

微功率通信主节点通信模块安装在集中器设备内，形成可辐射台区一定范围的数据中心接入点，子节点通信模块安装在电能表或者采集器内，负责将采集到的用电信息数据传输到指定的主节点。在系统中，子节点不仅可以直接和覆盖半径内的主节点通信，同时还具有数据转发功能，可以为其相邻的子节点转发数据，多个子节点依据自组织网络路由策略构成到主节点的多跳通信链路。

（二）适用场景

在电网领域，微功率无线通信技术主要应用于用电信息采集业务。其施工方便，维护简单，无需外铺设电缆；能够克服电网中的杂波干扰，既不受电网阻抗剧烈变化的影响，也不受电网结构变化的影响；通信不受限于电网特性，可方便地对跨台区、复杂用电环境快速实施抄表方案；通信速率快，实时性高，方便实施远程预付费、远程拉合闸等应用。

（三）关键制约因素

目前，影响微功率无线通信速度和可靠性主要有三个因素：

（1）传输距离受到障碍物的影响很大，障碍物会严重缩短传输距离。

（2）无线数据收发是敞开式的，在射频范围内其他设备都可以收到，需要通过多种方式如端到端高阶加密以及动态跳频实现安全数据传输。

（3）微功率无线通信的工作频段是公用频段，容易受到同频干扰，长时间使用后有频漂现象。

（四）发展趋势

目前国内的微功率无线通信总体上还是一种处于推广应用的新技术，应用在用电信息采集规模相对较小，但现有运行效果均能基本满足电力相关业务，并且对硬件设备没有过多依赖的场合。国内供电企业正在积极推进产品互联互通工作，保证用电信息采集系统长期运行的可靠性和稳定性，有利于统一安装调试标准，提升现场工作标准化水平，提高工作效率。因此，加强管理、改进技术、不断完善是保证微功率无线通信技术继续向前发展的基础。

二、Wi-Fi 通信

（一）技术原理

无线保真（wireless fidelity，Wi-Fi）通信是一种无线局域网（wireless local area networks，WLAN）传输技术，也是一种商业认证，具有 Wi-Fi 认证的产品符合 IEEE 802.11 无线网络规范，工作频段为 2.4GHz 或 5GHz。

典型的 WLAN 系统架构如图 5-6 所示，由接入控制点（access control，AC）、无线接入点（access point，AP）、无线网卡和网络管理组成。

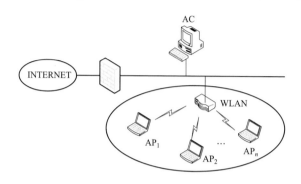

图 5-6　WLAN 系统架构

Wi-Fi 的主要特性为不需要布局网络、速度快、可靠性高、价格低廉。Wi-Fi 最高带宽为 11Mbit/s，在信号较弱或有干扰的情况下，带宽可自动调整为低带宽，保障了网络的稳定性和可靠性。

为满足越来越高的通信需求，IEEE 标准化组织和 Wi-Fi 联盟一致在不断提高 Wi-Fi 产品的性能。作为最新一代 Wi-Fi 标准，Wi-Fi 6 于 2018 年发布，即 IEEE 802.11ax 标准。Wi-Fi 6 通过采用新技术、更高阶的调制方式和更大的带宽实现了更高的传输速率。

与前几代 Wi-Fi 标准相比，Wi-Fi 6 技术的独特之处在于：①引入正交频分多址技术（orthogonal frequency division multiple access，OFDMA），使网络通信速度更快，形象地来讲，以前 Wi-Fi 就像一条单行道，每次只允许一辆车通行，而 Wi-Fi 6 就像拥有多车道的高速公路，增加了车辆通行数量；②采用新一代加密安全协议（Wi-Fi protected access 3，WPA3），使网络安全更有保障，WPA3 可有效阻止强力攻击、暴力破解等；③引入了目标唤醒时间（target wake time，TWT）技术，协调终端与路由的通信时间，使无线路由器功耗降低，续航时间更长；④使用基本服务集（basic service set，BSS）着色技术，减少网络同频干扰，可以大大提高采用服务多设备能力。

（二）适用场景

（1）远距离实施接入延伸。在一些局域网的远距节点上，采用 Wi-Fi 技术来覆盖电力通信专用网络可有效节约成本。

（2）应急作用。地震等自然灾害一旦发生容易对电力通信网络产生破坏，采用 Wi-Fi 技术可以起到应急作用，保证电力通信网络畅通。

（3）变电站临时通信。在变电站建设的过程中，由于电力通信网络建设会受限于变电站的施工条件、机房环境等无法架设光缆，而又必须要开通电力通信网络。因此，采用 Wi-Fi 技术对于光缆线路进行投产前通信是一种非常方便的选择。

（4）小范围覆盖。对电厂、变电站等小范围区域可以采用 Wi-Fi 技术进行无线覆盖，提供快捷、方便的接入形式，有效避免较高的布线成本。

（三）关键制约因素

现阶段，Wi-Fi 技术的关键制约因素主要有三点：

（1）室外覆盖能力不足。障碍物越密集，对无线通信距离的影响就越大，特别是金属物体的影响最大。

（2）多路径影响。如果无线模块附近的障碍物较多时将影响通信的距离和可靠性。在电网中，直流电机、高压电网、开关电源、电焊机、高频电子设备、电脑、单片机等设备对无线通信设备的通信距离均有不同程度的影响。

（3）频段干扰大。在其工作的 2.4GHz 频段内，蓝牙和 Zigbee 等应用均在使用，存在竞争关系，可能存在频段干扰现象发生，影响通信可靠性。

（四）发展趋势

经过多年的标准演进，Wi-Fi 已经不再是一个仅提供无线网络的设备，更多地被视为企业数字化转型的通信基础设施。作为下一代 Wi-Fi，受益于性能全面升级，Wi-Fi 6 除了满足传统 Wi-Fi 的场景外，还能满足更加广泛的下一代物联网连接场景需求。目前，Wi-Fi 6 在物联网领域的应用还不多，但随着 Wi-Fi 6 产品的日益成熟和成本的不断降低，其在物联网领域的渗透率将逐步增加。

三、远距离无线电（LoRa）

（一）技术原理

远距离无线电（long range radio，LoRa）是一种由美国 Semtech 公司设计的低功耗局域网无线通信技术，它采用了线性调频扩频（chirp spread spectrum，CSS）调制技术，其最大特点就是在同样的功耗条件下比其他无线方式传播的距离更远，实现了低功耗和远距离的统一。

LoRa 的网络架构是一个典型的星形拓扑结构，由终端节点设备、LoRa 网关、网络服务器和应用服务器四部分组成，网关、终端节点和服务器可以双向通信。

其中，终端节点设备一般含有传感器，遵循 LoRaWAN 协议规范，基于 CSS 调制技术实现点对点的远距离传输；LoRa 网关实现数据收集和转发，接收终端节点的上行链路数据，并将其转换为 TCP/IP 的格式发送到通信网链路上；服务器负责对 MAC 层进行处理。LoRa 网络不像许多采用网状结构的网络，节点不需要通过其他节点传递数据。当实现远距离连接时，网关和终端节点可以直接连接进行数据信息交互。

LoRa 主要在全球免费频段运行（非授权频段），包括 433M、868M、915MHz 等。LoRa 技术不需要建设基站，一个网关便可控制较多设备，并且布网方式较为灵活，可大幅度降低建设成本。

（二）适用场景

LoRa 技术非常适用于要求低功耗、远距离、大量连接及定位跟踪等物联网应用，如智能抄表、智慧城市和智慧社区等领域。在电力系统部分场景中，通信节点数量多、节点分散、工作环境复杂，采用光纤或无线信号也难以覆盖，采用 LoRa 技术可以作为有效补充，应用于不涉及控制信息的数据传输，如用电信息采集系统、家庭用户智能互动用电及电动汽车有序充电等。

LoRa 技术还可应用在末端传感采集领域，如地下或封闭的智能站、高压输电线路等。此类场景通常布置大量传感器，用以采集环境和电气等相关信息，监测运行状况。LoRa 的高穿透、广覆盖、大连接、抗干扰的技术特点与上述电力业务应用场景高度贴合，可以实现在通信条件受限状态下的传感器信息汇集、传输和信号引出。

（三）关键制约因素

（1）LoRa 存在频谱干扰问题。随着 LoRa 设备和网络部署的增多，其相互之间会出现一定的频谱干扰。

（2）LoRa 底层调制解调技术尚未完全开源，射频芯片选择范围有限，在使用上可能存在一定的安全隐患，在国内应用推广时，特别是在电力行业等关键领域使用方面，需要进行改造。

（四）发展趋势

2021 年 11 月，国际电信联盟（international telecommunication union，ITU）

正式批准 LoRaWAN 成为低功率广域网络的通信标准，使其国际化影响力进一步提升。在国内，由于受限于无线电频率监管政策，采用 LoRaWAN 规范部署公共网络的可能性不大。不过，无线电频率监管政策明确了小范围及局域场景下微功率设备的合法使用，在监管政策允许范围内，国内多家厂商借助 LoRa 调制技术，在 LoRaWAN 协议基础上进行创新，包括在园区和智慧家庭场景下的点对点通信协议、在工业和能源场景下的低时延通信协议创新，形成 LoRaWAN 协议的扩展和衍生，有效解决了实际落地场景中很多痛点，推动了 LoRa 生态在国内的持续壮大。

四、无线传感器网络

（一）技术原理

无线传感网络（wireless sensor networks，WSN）是由部署在监测区域内的大量微型传感器组成的，节点之间通过无线通信方式形成多跳自组织网络。无线传感器网络综合了传感器技术、嵌入式计算技术、现代网络及无线通信技术、分布式信息处理技术等，能够协作地实时监测、感知和采集网络覆盖区域中各种环境或监测对象的信息，通过嵌入式系统对信息进行处理，并通过随机自组织无线通信网络以多跳中继方式将所感知信息传送到用户终端。

无线传感器网络通常包括传感器节点及汇聚节点，并通过传输网络将采集的数据信息发送至应用服务系统。

大量传感器节点随机部署在检测区域内部或者附近，能够通过自组织方式构成网络。传感器节点检测到的数据沿着其他传感器节点逐跳地进行传输，在传输过程中检测数据可能被多个节点处理，经过多跳路由后到汇聚节点，最后通过互联网到达管理节点，用户通过管理节点对传感器网络进行配置和管理，发布检测任务并收集检测数据。

（二）适用场景

无线传感器网络具有高监测精度、高容错性、覆盖区域大、可远程遥测、自组织、多跳路由等优点，应用极其广泛，当前主要应用于国防军事、智能建筑、国家安全、环境监测、医疗卫生、家庭等方面。在电力领域中，主要应用于输电线路状态监测、输变电设备状态监测、用电信息采集、电力用户用电服务等业务。

（三）关键制约因素

（1）能量受限。无线传感器节点常用小型电池供电，并且大部分应用领域不能经常充电或更换电池。因此，能量受限是阻碍无线传感器网络发展及应用的最重要的瓶颈之一。

（2）网络资源有限。无线传感器节点的运算处理能力、数据存储能力和网络连接能力较弱，只能存储邻近域的局部拓扑信息及少量全局路由信息。如果与其射频范围之外的节点进行通信，则需要通过中间节点进行转发，并且根据有限的局部拓扑信息找到一条有效传输路径。

（3）动态性。受限于能量、环境等问题，无线传感器网络中会出现能量耗尽、节点损坏、移动或者新增等问题，从而使得整个网络的拓扑结构发生动态变化，这就要求无线传感器网络具有很强的网络动态性，以使网络具有可调整性和可重构性。

（四）发展趋势

无线传感器网络凭借其功耗低、体积小、成本低、分布式和自组织等特点，成为目前国际上备受关注的前沿研究领域。许多物联网应用（如环境监控、智能小区、能源管理、智能家居等）都基于无线传感器网络构建，网络节点对于IP 地址的需求大量提升。在网络层面，IPv6 技术能够提供巨大的 IP 地址空间，与无线传感网络发展完美契合。因此，基于 IPv6 的无线传感器网络具有非常广阔的应用前景。

第三节　5G 移动通信技术

一、技术原理

第五代移动通信网络（5rd generation，5G）将无线通信中三大主流复用技术——频分多址（frequency division multiple access，FDMA）、时分多址（time division multiple access，TDMA）和码分多址（code division multiple access，CDMA）的优势结合在一起，在有噪声情况下使信息传输速率无限接近香农极限。相较于 4G，5G 移动通信技术在用户感知速率、时延和覆盖范围等技术指标方面都有明显的技术优势，其具体技术指标对比情况如表 5-2 所示。

表 5-2   技 术 指 标 对 比

技术指标值	4G 参考值	5G 参考值
峰值速率（Gbit/s）	1	20
体验速率（Mbit/s）	10	1000
流量密度（Gbit/s）	0.1	10
时延（ms）	10	1
能效（倍）	1	100
频谱效率（倍）	1	5

对于 5G 无线关键技术，5G 标准重点满足灵活多样的物联网需要。为支持三大应用场景，5G 在正交频分多址技术和多输入多输出（multiple-input multiple-output，MIMO）基础技术上，采用了灵活的全新系统设计。

在架构层面，5G 采用全服务化架构、模块化网络功能，以业务为导向，支持按需调用，实现功能重构，发挥网络潜力。5G 支持灵活部署，基于网络功能虚拟化（network function virtualization，NFV）、软件定义网络（software defined network，SDN）技术，实现硬件和软件解耦与控制和转发分离；采用通用数据中心的云化组网，网络功能部署灵活，资源调度高效；支持边缘计算，云计算平台下沉到网络边缘，支持基于应用的网关灵活选择和边缘分流。

在频段方面，与 4G 支持中低频不同，考虑到中低频资源有限，5G 同时支持中低频和高频频段，其中中低频满足覆盖和容量需求，高频满足在热点区域提升容量的需求，5G 针对中低频和高频设计了统一的技术方案，并支持百兆赫兹的基础带宽。

二、适用场景

5G 技术把人与人的连接拓展到了万物互联，逐渐从消费领域走向了垂直行业。2015 年，国际电信联盟组织 ITU-R 定义了 5G 的三大应用场景，分别是增强移动宽带（enhanced mobile broadband，eMBB）、高可靠和低延时通信（ultra-reliable and low-latency communication，uRLLC）及大规模机器类型通信（massive machine type communication，mMTC）。

eMBB 的目标是最大化数据传输速率，支持在超高峰值速率下的稳定连接，以及边缘用户的平均速率的正常使用。代表应用为 4K/8K 超高清视频、增强现实 AR、虚拟现实 VR、远程教育等大流量移动带宽业务。

uRLLC 的关键特性是超低的时延和极高的可靠性。低时延允许通信网络以最小的延时处理大量数据，高可靠性能够满足垂直行业的业务需求。主要应用在车联网、工业控制、远程医疗等特殊行业，例如自动驾驶/辅助驾驶、远程控制等。

mMTC 即海量物联网，其特点为广覆盖、多连接、大速率、低成本、低功耗、优架构，并且传输是间歇性的。mMTC 能够促进垂直行业融合，代表应用包括工业物联网、智慧城市等。

5G 虚拟专网架构如图 5-7 所示，针对垂直行业，国内运营商提出了 5G 虚拟专网架构，通过引入核心网用户面功能（User Plane Function，UPF）网元下沉，同时融合移动边缘计算（Mobile edge computing，MEC）计算卸载和网络切片技术，可以实现专用业务端到端物理隔离。

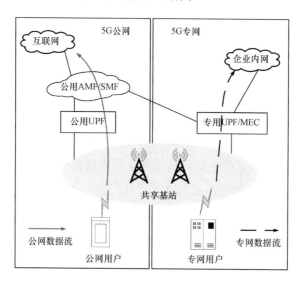

图 5-7　5G 虚拟专网架构

5G 高速率、高可靠性、低时延、广连接的通信特性，与电力系统基本需求具有较大互补性。目前，国家电网、南方电网已开展相关技术研究与试点建设，选取分布式电源、智能巡检、配电自动化、配电网差动保护、精准负荷控制、用电信息采集、配电网状态监测、视频监测控制等典型业务，验证 5G 网络性能、安全及业务承载性能。

三、关键制约因素

自 2019 年 6 月正式发放 5G 商用牌照以来，我国 5G 商用进程进展迅速，垂直行业作为 5G 应用的重点场景，融合探索日益活跃。5G 技术的融合打破了传统相对封闭可信的网络环境，带来大量威胁和挑战。

5G 通信技术的应用会大大提升移动互联网用户的业务体验，同时能够很好的满足物联网等全新技术的要求，能够实现"万物互联"。但是在 5G 技术应用过程中，特别是在 5G 全新业务、全新架构方面，还存在安全方面的挑战。

5G 安全既包括由终端和网络组成的 5G 网络本身通信安全，也包括 5G 网络承载的上层应用安全。5G 网络通过引入切片、NFV、MEC 等新技术以及支持智能网络服务定制，使得网络的形态、生态、商业模式、信任与风险关系呈现出更加动态与复杂的态势。同时，集中编排与软件能力的运用，在为网络带来新的中心化特征的同时，给网络建设运行和业务应用带来新的安全风险。

5G 的网络特征对垂直行业现有的安全防护架构、安全设备以及网络管理也提出了新挑战。作为 5G 应用的重点场景，垂直行业存在较大差别，安全诉求存在差异，安全能力水平不一，难以采用单一化、通用化的安全解决方案保证各垂直行业安全应用，制约了 5G 在垂直行业的推广应用。

四、发展趋势

随着 5G 技术标准逐步冻结、网络覆盖范围的扩大，通过引入核心网用户面功能（user plane function，UPF）网元下沉、NFV 技术、SDN 技术等新基础架构，同时融合 MEC 计算卸载、网络功能切片、流程定义业务、缓存分流及能力开放等新一代信息技术，5G 可以为电力行业打造定制化的"行业专网"服务，进一步提升电网对自身业务的自主可控能力和运行效率，为智能电网发展提供了一种更优的无线解决方案。

第四节　北　斗　技　术

一、技术原理

北斗卫星导航系统是我国自主研发、独立运行的全球卫星导航系统，也是继美国 GPS、俄罗斯 GLONASS 之后的第三个成熟的卫星导航系统。北斗卫星导航系统由空间段、地面段和用户段三部分组成，可在全球范围内全天候、全天时为各类用户提供高精度和高可靠定位、导航、授时等服务。

空间段即空间星座，是若干卫星持续发射载有导航电文的无线电波，由地球上的各种接收机来接收信息并进行应用。若干卫星是混合导航星座，由静止轨道卫星、倾斜轨道卫星、倾斜地球同步轨道卫星三种轨道卫星组成。

地面段即地面控制，包括主控站、时间同步/注入站和监测站等若干地面站，以及星间链路运行管理设施，用来追踪及控制北斗导航卫星的运转。地面控制主要是监视系统状态，调度卫星；通过收集到的卫星数据，计算导航信息，修正与维护每颗卫星的各项参数数据等，使空间星座的卫星能正常运行。

用户段即用户终端，包括基础产品、终端设备、应用系统与应用服务等。其中，基础产品包括兼容其他卫星导航系统的芯片、模块、天线等。用户终端主要是追踪北斗导航卫星，通过对接收机所在位置的坐标、移动速度及时间的实时计算，服务于各领域的需求，满足行业需要。

北斗系统采用了三种轨道的混合星座设计，采用独立的双向时间同步观测体制，支持星间链路观测，具备导航定位和通信数传两大功能，提供七种北斗系统应用服务（具体包括面向全球范围，提供定位导航授时、全球短报文通信和国际搜救三种服务；在我国及周边地区，提供星基增强、地基增强、精密单点定位和区域短报文通信四种服务）。

2020 年 7 月，北斗三号全球卫星导航系统正式开通，标志着北斗"三步走"发展战略圆满完成，北斗迈进全球服务新时代。定位精度可达 10m，测速精度 0.2m/s，授时精度 20nm。其中，在亚太地区，定位精度为 5m。

二、适用场景

目前，国家电网已开展电力北斗精准服务网建设，针对电力产业链中的发电、输电、变电、配电等环节，充分利用北斗高精度定位、精准授时、短报文通信三大功能，结合物联网、云平台、大数据、4G/5G 通信等技术，创造性地提高各环节工作效率，让电力作业更加安全、更加精细、更加智慧。其中，典型北斗应用场景有精准授时、电力巡检以及灾害自动化监测等。

（1）精确授时。北斗导航系统是电力系统时钟同步的坚实基础，其在电力系统的运用优势是其他传统通信技术不可相提并论的。北斗提供的精确授时功能可以正确记录系统开关、保护动作的时间和顺序，从而避免电力调度时间不同步时引起的变电站工作数据丢失、系统瘫痪以及异常跳闸事故。

（2）空地一体化电力巡检。以北斗高精度位置为基础，人工巡检搭配手持终端，实现数据实时传输、人员实时监管；载人直升机机载激光巡检搭载多种传感器，保障巡检数据更为真实可靠，加强输电设备和线路的精益化管理。

（3）电力杆塔与塔基地质灾害自动化监测。对杆塔倾斜及周边基础的形变进行实时化、网络化、信息化监测，掌握电力杆塔的位移、倾斜等实际动态，预测塔基滑动的边界条件、规模滑动方向、发生时间及危害程度，并及时采取措施，以尽量避免和减轻灾害损失，为安全监测与管理决策提供支持，确保电力铁塔的安全运行。

三、关键制约因素

尽管卫星导航系统行业应用甚广，但是卫星导航系统天然存在的诸多缺陷也频繁暴露出来：①北斗系统与其他卫星导航系统一样具有天然的脆弱性，易被干扰和欺骗；②卫星定位技术受到信号功率、带宽和传播时延的限制，精度很难进一步提高；③电磁信号易受到大气电离层和对流层干扰，精度很难保证，在城市、山区等复杂环境下，由于建筑物、树木、地形的遮蔽作用，信号存在非直线传播，导致不同环境下的定位效果存在较大差异，无法保证导航定位授时服务的连续性和可靠性；④受限于信号的传播条件，在地下、水下、隧道、室内等环境中，卫星定位信号无法穿透地面、水、建筑物等实体，无法进行定位。这些问题的现实存在，导致北斗系统在实时高精度定位、地下水下导航等领域和区域应用存在一定的限制和约束。

四、发展趋势

国务院办公厅公布的《国家卫星导航产业中长期发展规划》提出，北斗卫星导航系统及其兼容产品在大众消费市场逐步推广普及，对国内卫星导航应用市场的贡献率达到60%，主要应用领域达到80%以上。国家十四五规划和2035年远景目标纲要中明确提出，要"深化北斗系统推广应用，推动北斗产业高质量发展"，实施"北斗产业化"重大工程。因此，"市场化、产业化、国际化"

是当下北斗规模应用所面临的全新趋势。

参 考 文 献

[1] 颜旭东. 智能配电网通信方式及其应用研究 [D]. 江苏大学, 2016.

[2] 曲通. 浅析 RS-485 通信 [J]. 石油化工建设, 2019, 41 (S1): 291-292.

[3] 付志达, 闫冠峰, 丁浩, 等. 高速电力线载波和微功率无线双模通信在配电台区的应用 [J]. 电力信息与通信技术, 2021, 19 (6): 50-56.

[4] 黄志良. 电力线路中的微功率无线通信技术适应性研究 [J]. 中国新通信, 2017, 19 (11): 19.

[5] Jaidev Sharma. Wi-Fi 技术的演进 [J]. 电子产品世界, 2020, 27 (9): 84-87.

[6] 李露凝, 刘梦航, 李强, 等. 人类活动研究的新支点: Wi-Fi 数据的特点、研究现状与应用前景 [J]. 地理科学进展, 2021, 40 (11): 1970-1982.

[7] 胡连华, 徐卓, 陈海峰. LoRa 与 NB-IoT 通信技术研究现状 [J]. 传感器世界, 2021, 27 (9): 1-6+11.

[8] 李飞, 李登. 无线传感网络中的路由选择及优化研究 [J]. 电脑知识与技术, 2022, 18 (20): 34-36.

[9] 倪皓然. 浅析 5G 移动通信技术在物联网时代的应用 [J]. 数字通信世界, 2021 (10): 26-27.

[10] 刘昱彤. 5G 移动通信技术在通信工程中的应用分析 [J]. 信息与电脑 (理论版), 2021, 33 (7): 211-213.

[11] 刘伟平. 北斗卫星导航系统精密轨道确定方法研究 [J]. 测绘学报, 2016, 45 (9): 1133.

[12] 匡雪峰. 北斗导航定位技术及其在电力系统中的应用 [J]. 现代工业经济和信息化, 2021, 11 (10): 140-141.

[13] 鲁祖坤. 卫星导航天线阵抗干扰关键技术研究 [D]. 国防科技大学, 2018.

第六章 配电网一、二次融合技术发展

随着科技进步与设备制造水平提升，一、二次融合技术得到了快速发展。一、二次融合设备的应用，降低了设备成本，提高了设备运行可靠性，保证了运维人员安全，提高了用户用电体验，对配电网的监测、调控、运行的智能化发展也起到了至关重要的作用。本章对智能配电终端、非侵入式量测装置以及带电作业机器人三种技术进行简单介绍。

第一节 智能配电终端

一、技术原理

智能配电终端是一种集保护、信息采集、智能控制和通信等多功能为一体，在配电自动化管理系统中处于底层的设备，可完成电网运行状态数据采集、故障检测、故障定位与诊断、故障区域隔离功能，以及非故障区域恢复供电、与高级配电自动化系统进行信息交互等功能，具有可靠性高、实时性高、多种通信方式兼容性高、可扩展、模块单元化等特点。根据安装位置和作用不同，可分为馈线终端（feeder terminal unit，FTU）、站所终端（distribution terminal unit，DTU）、配电变压器终端（transformer terminal unit，TTU）。FTU 主要安装在配电网馈线回路的柱上和开关柜等处，DTU 主要安装在配电网馈线回路的开关站和配电站等处。智能配电终端示意图如图 6-1 所示。

二、适用场合

（一）配电设备监测

为实现配电设备监测，需建设配电终端监测系统，包括部署系统主站和智能配电终端。配电终端监测系统是一个大型的数据采集管理系统，通过对配电变压器负荷、电量、电压、功率因数等重要信息进行实时采集，对设备计量装置、保护装置、补偿装置、分布式电源等一系列元器件进行状态在线监测，实现负荷监测分析、无功补偿监测、环境变量监测等配电设备智能化功能应用。系统在低压配电设备安装智能配电终端，通过光纤专网、GPRS/CDMA 无线公网、电力线载波等多种公用通信信道，将用电数据、设备状态传输到数据库服务器和应用服务器进行存储和处理，可供各级工作站通过 Web 服务器的方式进行查询和使用。

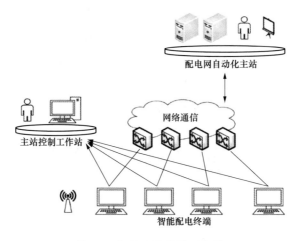

图 6-1 智能配电终端示意图

（二）配电自动化

智能配电终端在配电自动化中具有重要的应用，如可以用于配电系统数据采集及状态监控，将配电系统的遥测数据传送到配电系统主站，并可以实现对配电开关的遥控操作和负荷的自动转移等功能。其次，采用智能配电终端可以实现配电网的主动服务，主要包括：①需求响应，用户对需求策略的响应方案进行流程化的提交审批，待审批通过后，由管理员对该策略进行系统运行方式的分析，给出用户最合理的运行方案，该流程化引擎可提供定制化的配置界面，方便用户对流程的更改；②基础服务，可提供监测范围内工业、居民、商业等负荷类型用电量、负荷、电流、电压、功率因数等用能信息实时展示和查询，提供企业客户名称、类型、配电变压器名称、接入配电变压器容量、接入时间、生产安排情况等基本信息查询，提供配电网整体用能情况的分析结果，并对配

电网的设备状态和检修情况进行总体监控,使用户实时掌握配电网的运行情况;
③用户服务,该模块可以对用户情况进行增删改查,发布停电信息,查询历史
停电信息,并对重要客户的停电情况进行历史统计分析,该模块中还可提供客
户总体的服务情况。

三、技术关键制约因素

一般情况下,智能配电终端并不能孤立地工作,仍需要配合主站系统或与
其他终端设备的通信来实现一定的功能,满足配电网差异化发展情况下的安全、
可靠的要求,一般情况下智能配电终端的关键技术主要集中在以下几个方面:

(1)配电网故障定位技术。在电力系统运行过程中,为了有效保证电力系
统安全运行,广泛采用监测技术采集系统运行中的各种参数,从而通过对故障
信息进行分析并判断出故障区域及故障性质,以便技术人员及时准确地采取有
效措施,预防或预防电力事故的发生。在电力系统故障诊断技术中,故障点定
位技术一直是其中的关键技术,也是重要的技术难点之一。

(2)配电网故障诊断技术。故障诊断主要针对配电系统主站传送的遥信、
故障定位、开关变位信息,结合故障指示器、智能开关动作、配电变压器终端
停电等信息进行综合分析评价,从而判断故障类别,区分相间短路、单相接地
故障,减少巡线检修时间,提高供电可靠性。

(3)极端条件下的电磁兼容适应能力。随着电子产品集成度以及电力系统
自动化程度的不断提高,电子产品在电力系统中得到了广泛应用,其工作电压
也在逐渐降低,由原来的几十伏降低到几伏。其信号电压也变得更小,而运行
速度却越来越快,电磁耦合越来越紧密,使得电子设备对外界的干扰变得更加
敏感。因此,智能配电终端在设计之中应当考虑在极端环境下电磁兼容性以及
抗电磁干扰能力。目前电磁干扰的抑制措施主要有屏蔽、接地、限幅、滤波、
隔离等,在设备研发设计过程中不仅要考虑到印制电路板的走线问题,元器件
的选择上也要尽量选择高耐压、温度工作范围大的器件,并且要在不断的电磁
兼容性试验过程中逐步改进产品的设计。

(4)网络通信协议的兼容性和标准化建设。与我国电力系统自动化的发展
相伴随的是我国电力系统通信技术的飞速发展。由于电力系统发展过程中的历
史原因和技术条件限制等因素的存在,使得目前电力通信规约众多、各厂家设

备接口和数据传输不兼容。智能配电终端设备的研发设计必须切实地做好通信协议的兼容性研究和标准化建设，应支持 IEC 60870、IEC 6150、Modbus 等多种通信规约，可以方便地与其他厂家的智能化设备实现信息的对接、传输、共享等功能。

四、发展趋势及待攻克问题

未来，智能配电终端将会呈现如下发展趋势：

（1）集中处理故障信息。由于通信系统硬件升级改造需要较长时间，智能配电终端将倾向于采用集中处理的工作模式，该模式促使终端由单纯的采集终端向边缘处理终端模式转变。

（2）数字信号处理（digital signal processing，DSP）技术将被广泛利用。DSP 即数字信号处理器，具有较快的数据处理能力，对于智能配电终端中高速数据采样以及数据分析具有很好的适应性。未来，智能配电终端中将广泛利用 DSP，从而保障实时性。

（3）智能配电终端的网络化。网络化是智能终端配电当前的布局方式，主要采用工业控制领域广泛使用的以太网技术完成智能配电终端的网络化设计，此外，将智能配电终端与现如今高速发展的 5G、云计算和人工智能等新兴技术相互结合，可以实现更好的网络控制与电力配置。比如 5G 边缘计算将计算资源推向更靠近网络边缘的位置，从而快速响应电力用户请求并实现较低的时延和较高的带宽。

第二节　非侵入式量测装置

一、技术原理

非侵入式量测技术是指在用户供电的入口处安装监测装置，对电力入口处的电压、电流、功率等稳态和暂态信号进行测量，运用某些数学算法对这些数据进行处理和分析，进而辨识系统内设备的种类和运行状态，动态掌握系统状态，帮助用户选择合理的用电方式和用电时间。

非侵入式量测技术的数学分析方法大致可以分为两大类，即基于负荷稳态特征的分析方法和基于负荷暂态特征的分析方法。其中稳态特征主要指负荷的稳态基波、谐波功率等特征；暂态特征主要指负荷开启瞬间的电压、电流等信号的变化规律，如暂态波形及其结构等。

（一）基于负荷稳态特征的分析方法

在非侵入式量测技术发展初期，由于技术条件有限，主要采用基于负荷稳态特征变化的分析方法。其主要基于负荷的稳态特征，不同负荷都有各自特性，例如不同负荷运行时，它的有功功率、无功功率及谐波功率等均不相同。在监测系统内，单个负荷投入、切除时，公共并网点系统总的有功功率、无功功率等信号通常都会随之改变。因此，根据公共并网点总的有功功率、无功功率、谐波功率等信号的变化信息，可以判断负荷投入或切除的变化情况，同时功率大小等信息也为判断负荷类型提供了依据。

（二）基于负荷暂态特征的分析方法

负荷的暂态值比稳态值更难测量出来，但是暂态值可以补充稳态值所提供信息的不足之处。如拥有相同稳态值的元件可能有不同的暂态启动电流，分析负荷暂态特征信息对于非侵入量测装置是非常重要的。不同类型负荷在投切过程中其暂态特性是与其他设备不同的。如在切换时，电阻性负荷没有暂态值，或者存在时间很短；电动机驱动的电泵等设备可以产生长期暂态值。其中，风扇、洗衣机、搅拌机等电动机驱动电器在启动时会产生较小的暂态值；电视机、录像机、计算机等电子类电器启动时会产生一个短但幅值较大的暂态值；荧光灯会产生较长的二阶暂态值。

二、适用场合

相比于传统的侵入式量测，非侵入式量测技术不需要在用户的各用电设备上全部安装传感器，具有可操作性强、实施成本低、保护用户隐私等优点。

由于各行业负荷成分及其特性存在差别，非侵入式量测应用于不同行业的难度也有较大不同。考虑到数据获取的难易程度，目前非侵入量测技术大部分研究集中于居民用户。近年来工商业用户的应用潜力巨大，也逐步引起研究人员的广泛关注。

此外，非侵入式量测可用于对电力系统终端处监测到的负荷数据进行分解与识别，分析系统内每类或每个负荷的运行状态，可以更为准确地了解整个电力系统的负荷组成，每种负荷的用电分配量以及用电时间，进而合理地规范负荷用电量以及安排负荷的运行时间。非侵入式负荷分解技术不仅可以使电力部门实时了解用户的用电情况，以便于规划合理的计价系统，同时也能够给用户提供有效的用电建议。

三、技术关键制约因素

非侵入式量测可以分为数据测量、数据处理、事件检测、特征提取、负荷识别五大步骤。其中事件检测、特征提取、负荷识别是三大技术关键点：

（1）事件检测。简单来说，就是按照一定的规则根据信号的变化来判断是否有新事件的产生。最简单的方法就是通过计算相邻时刻或者时间段负荷印记的变化，并将其与设定的阈值进行比较，当变化超过阈值时，判断有事件发生。该方法简单易操作，问题在于阈值的设定具有技巧性，太大或者太小都会导致错误的事件检测结果。因此，需要对大量的样本对参数进行训练。

随着科技的进步，用电设备日益多样化，特别是洗衣机、微波炉等多状态、连续变化型负荷增多，变电检测不失为一种较好的方法。该方法抗干扰能力强，准确度高。此外，在实际应用中用电设备的性能会逐渐发生变化，新的用电设备也会不断增加，因此需要动态调整负荷印记的参数，使用诸如考虑费希尔准则的人工免疫算法，来提高事件检测的精度。

（2）特征提取。检测到用电设备投入使用后，可以进一步提取负荷印记的特征。相关特征分为稳态特征和暂态特征，据此可以将提取技术归为基于稳态特征、暂态特征以及将两者综合考虑的三类方法。

基于稳态特征的特征提取技术不能有效应对一些辨识难度较高的场景，比如用电设备的特征类似以及重合；而基于暂态特征的提取技术则具有更强的适应性，其原因在于暂态特征的负荷印记更能反映不同设备的特性和功能。此外，暂态过程事件短，特征重叠的可能性较少。但暂态特征提取对数据采集和处理的要求更高。

（3）负荷识别。给定用电设备的特征库和从采集数据中提取出来的负荷特征，识别总负荷的成分，实现负荷分解。这个看似简单的问题，但受制于准确识别需要完备的负荷特征库，在实际中难以实现；建模的前提是特征可以叠加或进行数学运算，但部分特征往往不满足这类要求等问题，在数学上难以建立模型以及求解，因此，通常采用模式识别的方法来完成，即通过学习各种用电设备的负荷印记特征，来达到识别负荷的目标。模式识别方法有监督学习和非监督学习两种。

基于监督学习的模式识别算法众多，包括 K 最近邻算法、神经网络、支持向量机、自适应增强算法等，但该类算法设计负荷种类不多，处理场景也简单，在复杂场景下的表现需要进一步提升。

模式识别方法通常对负荷特征进行学习和训练，过程繁琐，需要的样本较大。因此，如何简化训练过程，减小计算量并提高识别准确率是研究的重点。

四、发展趋势及待攻克问题

居民用户非侵入量测技术是居民用户用能数据采集和负荷特性分析的重要支撑技术。非侵入式负荷监测与分解技术（non-invasive load monitoring and decomposition，NILMD）主要在用户入户供电线前安装采样设备，通过采集和分析入口总电流、电压等信息来判断户内每个或每类电器的用电功率和工作状态（如空调具有制冷、制热、待机等不同工作状态），从而获取居民的用电规律；同时通过对总电流和电压的监测来发现用户内部的短路、漏电等用电事故，提高用户的用电安全水平。相较于传统的侵入式负荷方法，NILMD 具有如下优缺点：

（1）侵入式量测需要在用户电网内部安装大量的检测设备和通信线路，例如，在每个待监测支路上面安装电气量采集传感器和通信接口，这将耗费大量的人力、物力来购买、安装、维护这些设备，而对居民用户而言可获得的效益非常有限。非侵入量测只需要在总进线处安装一台监测设备，主要依靠高级算法辨识用户的用电行为和用电事故，硬件成本和维护量都大大下降。

（2）非侵入量测装置安装位置可以选择在用户电表箱处，完全不会侵入居民户内进行施工，甚至可以做到不中断用户供电，不会造成用户抵制心理，易于被用户所接受。

（3）非侵入量测的技术瓶颈是建模工作难度较大。实现非侵入量测需要对用户负荷启停的暂稳态特性、用电事故的暂稳态特性进行详细建模，由于用户负荷种类繁多，建模难度很大，相关技术不成熟，没有标准的流程和方法可供参考。

目前，非侵入式量测技术已经处于商业应用推广阶段，但仍存在进一步完善的空间。

未来发展趋势包括：①解决现有非侵入式量测算法依赖大量训练数据且泛化性能较差的问题；②研究如何在联邦学习架构下进行非侵入式量测的分布式训练，实现模型从构造、优化到推理的全流程分布式运行；③将图神经网络应用于非侵入式量测技术中，从而显著提升量测性能；④根据不同的应用领域逐步构建基于国内应用环境的数据集，从而更好地评估非侵入式量测技术在实际中的性能。

第三节　带电作业机器人

一、技术原理

配电网带电作业机器人由系统基座、双臂协作控制系统、视觉识别系统、电源系统、通信系统、绝缘防护、控制系统软件、末端执行工具、地面监控系统等部分组成。除末端执行工具和地面监控系统外，其余部分统称为机器人系统。

（一）机器人系统结构设计

全自主配电网带电作业机器人系统结构设计如图 6-2 所示，主要包括以下部分：①系统基座，包括支撑结构、刚性支架和平台基座；②双臂协作控制系统，包括两台机械臂及其控制柜与工控机等；③识别定位系统，包括深度相机、球机云台、激光雷达和滑台等；④电源管理系统，包括电池、电池管理、逆变器、直流变压单元等；⑤通信系统，包括 CAN 总线模块、工业级交换机、无线 AP 等。此外，接线工具组、电动打爪、引流线夹持工装和线夹工装等作为末端执行工具布置于机器人手臂末端和作业平台上。考虑到绝缘斗臂车之间的绝缘防护，机器人系统和斗臂车之间采用 10kV 绝缘端子和耐 10kV 绝缘板进行双重绝缘防护。

（二）双臂协作控制系统设计

机器人系统执行元部件包括一套双臂协作机器人、多种末端执行工具、多种传感器以及地面监控系统。控制系统设计需满足机器人自主作业的实时性要求，在机器人系统与地面监控系统分别采用一套主控单元。机器人系统主控单元处理来自多传感器的信息，并将计算后得到的目标位置和决策信息传递给机器人，通过与末端执行工具相互配合，双臂协作完成全部工作。机器人主控单元通过无线或光纤通信与地面监控系统连接，向地面监控系统传输机器人系统状态，接收并执行来自作业人员的控制指令，系统控制方案拓扑图如图 6-3 所示。

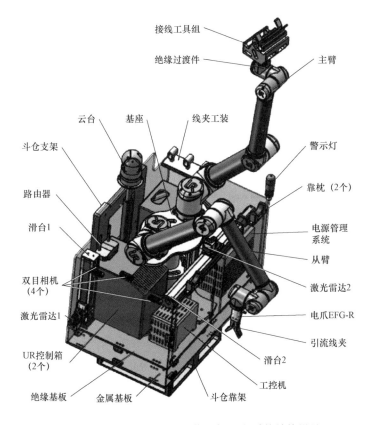

图 6-2　全自主配电网带电作业机器人系统结构设计

（三）识别定位系统

　　由于配电网带电作业机器人工作在动态、复杂与非结构化的环境中，要求机器人具有高度的自治能力和对环境的感知能力。为保证机器人实用性，采用深度视觉定位与激光雷达定位相融合方式来实现机器人对作业目标的精确定位。在深度相机识别距离范围内，由深度相机确定目标线缆大致方位并计算三

维坐标 α_1，激光雷达根据视觉识别的方位进行指定区域扫描，计算三维坐标 α_2，通过多传感器融合算法，动态调整二者权重比例，得到精确三维坐标 α（$\alpha = \beta\alpha_1 + \beta\alpha_2$），从而机械臂自主规划路径运动到目标位置。

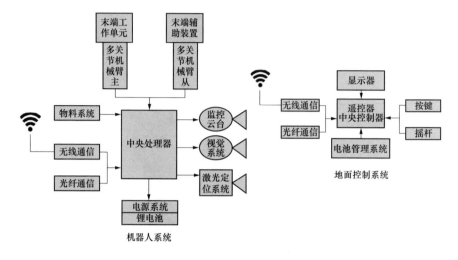

图 6-3　系统控制方案拓扑图

（四）电源管理系统

电源管理系统是为系统中其他各个模块提供所需要的电源。综合考虑电压范围、电流容量、电源转换效率、降低噪声以及防止干扰等因素设计一种多电源供电管理系统，通过不同的电源转换模块，为不同系统供电，采用电源集中控制模块，实现一键顺序启停，一键关机等功能，同时具备低电压提示以及低电量报警等功能。

（五）绝缘防护系统

机器人系统和斗臂车之间采用10kV绝缘端子和耐10kV绝缘板进行双重绝缘。遵循模块化设计原理，减少与斗臂车的机械耦合，可整体固定在斗臂车绝缘斗臂舱，降低安装难度。机器人绝缘防护系统设计如图 6-4 所示，主要包括以下几方面：①末端执行工具与机械臂之间采用绝缘过渡件连接；②基于机械臂运动特性，研制耐压不小于 20kV 定制绝缘衣，关节处进行特殊绝缘处理；③双机械臂作业平台支撑底座选用绝缘材料制作；④双机械臂作业平台的电气系统设备设计必备的绝缘支撑件，用来将电气系统设备与支撑底座隔离绝缘；⑤采用无线通信设计，保留光纤通信接口，保证绝缘等级。

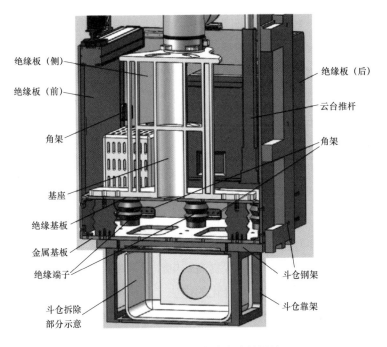

图 6-4　机器人系统绝缘防护设计

二、适用场合

带电作业包括带电断线、带电接线、带电更换避雷器、带电更换隔离开关、装拆线路故障指示器或验电接地线夹、带电更换跌落式熔断器、带电更换警示牌或绝缘护管、清洗清障等，均处在高空、高电压、高电场的环境。如采取人工带电作业方式，操作人员劳动强度大、精神紧张，容易引发人员伤亡及设备安全事故，建议采用带电作业机器人，使操作人员远离危险环境，减轻操作人员劳动强度，在保障人员安全的前提下，提高带电作业工作效率。

三、技术关键制约因素

目前国内外带电作业机器人主要采用两种模式：①绝缘斗内配置操作人员与机械臂，被升降机构抬高到架空线路旁通过对机械臂进行操作从而完成带电作业；②操作人员在地面，机械臂由升降机构抬升到作业点，操作人员通过终端对现场进行观察并对机械臂进行操控，从而实现带电作业任务。

第一种操作模式中，操作人员仍处于接近架空线位置，触电风险仍然存在。

第二种操作模式中，操作人员会因遮挡关系、监视器等问题而无法直观准确获取现场信息，通过摄像头查看到的信息也会造成很多三维信息的丢失，使得目前操作人员在进行遥控操作时效率低下，该模式存有一定的误操作风险。

结合当前带电作业机器人国内外发展的现状和趋势来看，带电作业机器人在实际应用方面还有以下几个关键问题需要解决：

（1）绝缘安全防护。在高压线路或设备的带电作业中，机器人在操作失误或机器人故障时也要有一定的防护措施来保障电网及人员的绝对安全。在不同的气候条件下，绝缘防护水平也要求不被破坏或造成隐患。

（2）带电作业工具不统一。带电作业因为作业环境多样且复杂，需要各类工具来满足作业需求，但市面上的工具接口和形状各异，使得机器人工具的快速更换要求无法满足。为了进一步提高带电作业效率，减少作业成本，满足机器人应用要求，设计系列化、标准化的作业工具显得尤为重要。

（3）机器人入网规范及操作标准体系建设。目前在入网规则及相关操作标准体系建设方面几乎为空白。为了更好、更安全地利用机器人进行相关作业，保障人员及设备安全，需尽快落实带电作业机器人相关的规章制度及流程体系建设。

四、发展趋势及待攻克问题

为了提高带电作业的安全性，逐渐创新发展了带电作业机器人。然而，随着技术的发展，也对带电作业机器人提出了更多的要求，这些要求也是带电作业机器人的发展前景，主要体现在以下几个方面：

（1）完善相关的防护措施。而对于带电作业来说，其安全性是首要问题，只要解决了带电作业的安全性，就能在最大程度上突破危险性对作业的发展限制。因此，带电作业需要完善相关的防护措施，不断借鉴其他国家的经验和技术，制造和使用安全的绝缘防护措施，保障相关的操作人员的人身安全。

（2）不断优化辅助设备，完善结构。为了能够更好地促进带电作业的发展，就必须积极使用辅助设备来完成相关的高危工作，突破局限性。因此，带电作业机器人需要优化以及结构的完善，要求带电作业机器人不能仅仅依靠人的动作来完成相应的作业，还要求带电作业机器人能够实现智能自动化。因此，为了使机器人有更好的发展，需要将使机器人的结构简单化、规范化，并且价格更加合理。

（3）带电作业机器人的用途更加广泛。带电作业机器人有着比较明显的特点，即工作周期不定。另外，带电作业机器人作为一种辅助性设备工具，具有更多、可实施性的作用，在完成多项工作的同时，能够在最大程度上节约时间、节约成本，以此来提高机器人的使用效率，从而增加相关的社会经济效益。

参 考 文 献

[1] 何旭鹏. 面向分布式馈线自动化的智能配电终端设计与实现 [D]. 东南大学，2017.

[2] 胡国，颜云松，吴海，等. 基于主配协同的配电网紧急负荷控制策略及终端实现 [J]. 电力系统自动化，2022，46（2）：180-187.

[3] 孔祥明. 智能电网配电终端在配电自动化中的应用 [J]. 计算机产品与流通，2020（4）：107.

[4] 牛卢璐. 基于暂态过程的非侵入式负荷监测 [D]. 天津大学，2010.

[5] 陈珏羽，杨舟，周政雷，等. 基于新一代智能量测体系的智能电能表应用场景研究 [J]. 广西电力，2020，43（3）：16-21.

[6] 汪敏. 非侵入式居民负荷分解及辨识技术研究 [D]. 贵州大学，2022.

[7] 刘睿迪. 基于数据增强和深度学习的非侵入式负荷分解方法 [D]. 浙江大学，2021.

[8] 刘兆领，张黎明，胡益菲，等. 全自主配网带电作业机器人系统设计 [J]. 科学技术创新，2021（24）：3-6.

[9] 刘一涵，纪坤华，傅晓飞，等. 配网带电作业机器人技术发展现状述评 [J]. 电力与能源，2019，40（4）：446-451，470.

第七章 微电网技术发展

作为分布式资源高效集成和管理的一种形式，微电网技术已成为国际重点研究领域。我国微电网相关研究起步较晚但发展较快，近年来国家陆续出台了相关激励政策，微电网作为新能源发展的重要形式将迎来新一轮发展高峰。本章对微电网技术概述、微电网关键技术、国内外实例研究做了简单介绍。

第一节 微电网技术概述

一、微电网的概念

国际上微电网的相关研究起步较早，美国电力可靠性技术解决方案协会将微电网定义为：微电网是由分布式电源和负荷共同构成的微型电力系统，基于能量管理系统、多种分布式电源控制策略以及负荷控制策略，实现经济、安全及稳定的电能供应。根据 GB/T 33589《微电网接入电力系统技术规定》等国家标准，我国定义的微电网概念为：微电网是由分布式发电、用电负荷、能量转换设备、监控和保护系统等汇集而成的小型电力系统，根据其与外部电网的连接模式，可分为并网型微电网和离网型微电网。一个典型的微电网结构示意图如图 7-1 所示。微电网在满足系统内电能需求的同时，还需满足其他形式的用能需求（如供热、供冷、燃气等），此时的微电网实际上是一个微型能源系统。

二、微电网特征

国家发改委、国家能源局发布的《推进并网型微电网建设试行办法》（发改能源〔2017〕1339 号）中，给出了微电网"微型、清洁、自治、友好"的基本特征。具体如下：

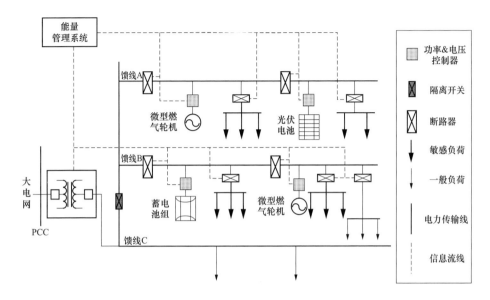

图 7-1 典型微电网结构示意图

（1）微型。微电网的电压等级一般在 35kV 以下，系统容量往往小于 20MW。

（2）清洁。微电网的电源以分布式可再生能源发电为主。此外，多联供发电单元由于综合能源利用较高，也是微电网常用的电源类型。

（3）自治。微电网具有保证负荷用电与电气设备独立运行的控制系统，具备电力供需自我平衡运行和黑启动能力。

（4）友好。微电网与外部电网的交换功率和时段具有很好的可控性，可与并入电网实现备用、调峰、需求响应等双向服务，可减少大规模分布式电源接入对电网造成的冲击，为用户提供优质可靠的电力供应。

三、微电网功能与分类应用

微电网典型应用场景包括：①保障微电网内所有或部分用电负荷的供电可靠性、改善电能质量；②以提高供电经济性为目的，为偏远农村、海岛等偏远地区供电或延缓电网投资；③降低用户的用电成本，通过优化储能配置、可调度负荷、可调度电源等，为公共电网提供辅助服务；④提供局部防灾抗灾能力等。

根据微电网运行方式，分为并网型微电网和独立型微电网。其中并网型微电网既可以与外部电网并网运行，也可以独立运行，且以并网运行为主；强调包括可再生能源在内的当地资源的利用，以及孤岛运行模式下为重要负荷在规定时间内持续供电。独立型微电网不与配电网相连，需要通过调节发电机、储能系统及可控负荷来保持功率平衡。

根据微电网电压等级，可以分为低压微电网、中压微电网和高压微电网；根据电网类型，分为交流微电网、直流微电网、交直流混合微电网等。

第二节　微电网关键技术

一、规划设计技术

（一）规划技术

微电网内存在风、光、水等多种形式的能源，需要分析不同季节的出力特性和时间上的互补关系；部分微电网存在微型燃气轮机、空调等多种能源利用与耦合转换设备，需要分析各类型设备之间的耦合转换机理。

微电网的规划设计技术侧重于研究考虑风、光、水等分布式发电以及冷热电负荷耦合互补特性的微电网多类型设备容量配置技术，通过灵活调整分布式电源组合方式及分布式发电比例，实现不同配置下的微电网经济可靠稳定运行。具体配置时，需要考虑多类型设备的耦合互补特性、设备安装成本、运维成本、微电网供电可靠性、环境效益等因素，以经济性、环保性、可靠性等为优化目标，进行多类型设备的设备选型与容量优化配置。

（二）不确定性源荷预测技术

微电网源荷特性受经济社会发展、气象、市场、用户行为等多种因素的耦合影响，在不同时间尺度和空间尺度上呈现复杂的时空耦合特性和较强的不确定性，给微电网的安全稳定运行带来了极大挑战。因此，亟需开展考虑不确定性的高精度源荷预测技术研究。

根据预测结果呈现的形式，源荷预测方法主要分为以下三类：

（1）区间预测。利用统计推断的区间参数假设检验，采用时间序列预测等方法，预测某个时间下源荷的取值区间。相对于点预测，该方法扩大了预测结果的取值范围，减少了不确定性因素对预测精度的影响，便于决策人员更好地了解未来源荷波动情况。

（2）场景预测。采用少量的源荷出力/负荷场景，描述源荷特性的随机变化特征。该方法基于采样结果，预测和优化预测场景，对数据要求较低，方法简便易行。

（3）概率预测。利用统计方法，根据各个不确定变量的历史数据拟合概率模型并预测。根据不确定变量中概率分布函数是否已知，分为参数化方法和非参数化两类。概率预测方法对数据的数量和质量都有较高要求，且需要较复杂的统计技术。

二、运行控制技术

结合微电网的孤岛和并网运行方式，微电网控制体系可划分为三级：

（1）一级控制。该控制主要面向设备，尤其是换流器的控制层。根据控制目标不同，换流器控制分为电压控制型和功率控制型。常用的控制方法包括主从控制、下垂控制和最大功率跟踪控制等方法。

（2）二级控制。该控制主要面向微电网内部的能量管理层与换流器的协调配合，主要包含集中通信与集中控制、集中通信与分布式控制、分布式协同控制3类。

（3）三级控制。该控制主要面向微电网与外部电网的协调配合，微电网考虑不同的约束条件和优化运行目标，实时制定运行调度策略。主要包含集中式和分布式两种控制方式。

三、项目评估技术

微电网以安全可靠、智能互动、优质高效和绿色经济为运行目标，按照科学性、系统性、适应性和可比性的原则，从可靠、互动、经济、优质等角度，构建微电网运行效果的综合评价指标体系。其中，可靠性可从电源、网络和负荷可靠性等角度构建指标；互动可从源荷互动、源荷可控、微电网与配电网协同等角度构建指标；经济性可从电源经济性和负荷经济性等角度构建指标；优质性可从电源优质性和负荷优质性等角度构建指标。综合评价指标的权重可以分为主观赋权法和客观赋权法，两种方法的对比分析如表7-1所示。

表 7-1   基于多指标的综合评估方法

基于多指标的综合评估方法分类	主观赋权法	客观赋权法
含义	首先由专家根据自身经验进行主观判断，再利用相关算法得到最终权重，从而进行综合评估	根据指标之间的相关关系来确定权重，从而进行综合评估
优势	可充分利用本领域专家的知识以及相关经验	赋权客观，不受人为因素影响
劣势	仅依据人的主观判断确定权值，客观性较差	各指标的权数依赖于样本，不能充分反应指标自身价值的重要性
主要具体方法	层次分析法	熵值法
	综合评分法	网络分析法
	模糊评估法	TOPSIS 法
	功效系数法	灰色关联分析法
	指数加权法	主成分分析法
	序关系法	变异系数法
	专家咨询法	德尔菲法

第三节　国内外实例研究

一、国外微电网实例研究

美国开展了大量的微电网理论及实践应用研究，落地了超过 200 个微电网示范工程项目。其中加利福尼亚里士满医疗中心的可再生能源微电网项目具有鲜明特色，是美国唯一在医院开发的可再生能源微电网示范项目。该微电网系统在停车场顶部安装了 250kW 的光伏太阳能板，并配置了 1MW 的电池储能系统，可以额外提供 3h 的备用电量，大大提高了医院的供电可靠性。该项目每年可节省约 14.1 万美元的燃料费用。

英国苏格兰的埃格岛是岛屿微电网成功应用的典范之一。该岛位于大西洋海域，属于内赫布里底群岛的一部分，长 9km、宽 5km，面积 30.49km^2。埃格岛微电网的发电系统主要由小型风机、分布式光伏发电和小型水力发电构成，装机总量约为 184kW。此外，埃格岛微电网系统中还包括两台 70kW 的柴油发电机，用于紧急情况下的供电。夏季埃格岛的光照条件较好，岛屿微电网主要采用光伏发电系统和储能系统联合供电；由于冬季降雨增多，三台小型水力发电机则作为主电源供应全岛电力负荷。埃格岛微电网系统建设成本约为 166 万英镑，较跨海架设电网成本减少 234 万元，具有较高的经济效益。

印度大量偏远地区存在缺电问题，为其全国电气化的进程带来了很大的挑战。为解决上述问题，印度的户用微电网系统应运而生。以其中一户的微电网为例，其包括一块 125W 的太阳能电池板及容量为 1kWh 的储能电池，并且以直流方式连接微电网各个环节，从而避免各个交直流环节转换所带来的能量损耗。此外，整套户用微电网系统的建设成本比铺设电力线路的方式投资更低，供电也更加可靠，为印度偏远地区缺电问题的解决提供了很好的解决思路。

二、国内微电网实例研究

本节介绍我国微电网建设实例，分别以面向山区用能、海岛用能、交直流供电及多能互补场景等为例，从不同类型的控制目标及社会效益的角度为我国微电网建设提供参考。

（一）山区用能微电网

某山区微电网处于电网末端，主要由单回 10kV 线路供电。该区域太阳能资源丰富，分布式光伏发电装机容量 2.3MW，而最大负荷仅为 0.8MW，本地消纳困难，易造成电压越限，导致光伏发电脱网，影响村民发电收益；而反送还会引起上级变电站重过载。若采取新建 35kV 变电站方式解决，由于地处山区，线路路径选择困难且单位造价高，总投资约 4000 万元。针对该问题，构建了光、储互动的并网型中压微电网（系统接入分布式光伏发电 1.5MW，同期建设 10kV 开关站 1 座，接入磷酸铁锂储能 2MWh）。一是通过微电网技术替代传统电网改造，有效减少电网投资成本，项目较传统新建变电站方案投资节省约 75%；二是促进分布式光伏消纳，项目建成有效解决分布式光伏电压越限问题，分布式光伏最大消纳能力提升 30%，增加区域光伏扶贫总收益约 20.4 万元；三是改善了线路电能质量，提升供电可靠性，区域电压合格率由 86% 提高到 98.4%，线路年故障次数由 9 次降为 1 次，线路故障次数降低 90%，具有较高的推广价值。

（二）海岛微电网

海岛远离陆地且负荷分散，远距离架设输电线路经济性较差，微电网技术为有效解决海岛供电问题提供了有效思路。我国现已建成多个岛屿微电网系统，包括浙江的东福山岛、南麂岛、福建湄洲岛、广东东澳岛、海南三沙永兴岛等。这些项目为岛屿微电网的推广应用做了很好的示范。

以某海岛为例，距大陆岸线最近点约 65.4km。微电网系统采用可再生清洁能源为主、柴油发电为辅的供电模式，为岛上居民和海水淡化系统（日处理 50t 海水）供电。该微电网配置了 100kWp 的光伏发电、210kW 风电、200kW 柴油机和 960kWh 的铅酸蓄电池，总装机容量达到 510kW。自 2011 年 3 月初试运行以来，该微电网系统以新能源的最大化消纳利用为目标保持着稳定运行。该项目不但有效解决了远离大陆的海岛供电问题，也成为重要的海岛微电网示范工程。

（三）交直流微电网

某交直流微电网示范工程位于客运枢纽旁，该微电网以柔性变电站为核心枢纽，建设了包含分布式光伏发电、分布式储能及电动汽车等新型元素的交直流微电网系统，为客运枢纽等提供低碳和高可靠性供电。此外，该交直流微电网系统采用了精准模式切换技术，保证模式切换过程中的母线电压稳定，实现了多种能源环节在柔性变电站内的"无缝"切换。同时，该交直流微电网系统采用了分区恢复技术，从而保证微电网故障的精准隔离和负荷快速恢复。

（四）多能互补微电网

某智慧多能互补微电网系统示范项目位于电气园区，该项目倡导多种清洁能源综合利用的理念，实现工业园区"供、储、配、用、管"五个环节的智慧用能解决方案。该多能互补微电网在"源"侧融合了屋顶光伏发电系统、太阳能集热系统、风力发电系统，实现了多种能源的综合供给、兼容互补；在"储"侧融合了蓄电池储电、固体储热两种方式，实现对电能、热能的存储和再利用；"荷"侧在园区常规用电负荷基础上，增加新能源汽车智能充电系统，以及职工宿舍楼用热系统，充分利用清洁能源替代传统能源，促进能源消费方式向经济、环保转型。该多能互补微电网在能量管理中采用智慧能源管理平台，覆盖能源的供给端、储存端、配送端和消费端，通过"互联网＋"的手段，对各环节进行综合管理，根据负荷需求情况和气象情况、储能情况等因素，合理调配、综合调度各环节工况，使整个系统处于最经济运行状态，对多能互补微电网的推广具有重要的参考价值。

参　考　文　献

[1] 杨萍，郭春阳，何秉哲. 基于改进正交理论的电网谐波电流检测算法及其应用 [J]. 电力电容器与无功补偿，2016，37（3）：1.

[2] 闫炎. 微电网逆变器多环反馈控制研究 [D]. 燕山大学，2012.

[3] 赖清平，吴志力，崔凯，等. 微电网规划设计关键技术分析与展望 [J]. 电力建设，2018，39（2）：18-29.

[4] 靳小龙. 集成智能楼宇的电/气/热区域综合能源系统建模及运行优化研究 [D]. 天津大学，2017.

[5] 国家发展改革委，国家能源局. 推进并网型微电网建设试行办法 [EB/OL]. 北京：中华人民共和国国家发展和改革委员会，2017.

[6] 杨新法，苏剑，吕志鹏，等. 微电网技术综述 [J]. 中国电机工程学报，2014（1）：57-70.

[7] 薛易，张帅，陈元. 孤岛下交直流混合微电网的 VSG 控制策略 [J]. 黑龙江科技大学学报，2021，31（4）：6.

[8] 齐文瑾. 坚强智能电网综合评估的理论研究与实证应用 [D]. 天津大学，2015.

[9] 王成山，周越. 微电网示范工程综述 [J]. 供用电，2015（1）：8.

[10] 武钊. 分布式可再生能源发电并网的法律问题研究 [D]. 北京理工大学，2017.

[11] 石山，刘树. 杭州-东福山岛风光储微电网项目 [J]. 高科技与产业化，2016（4）：2.

第八章　虚拟电厂技术发展

第一节　虚拟电厂技术概述

虚拟电厂（virtual power plant，VPP）作为一个不存在物理实体的特殊电厂，是智能电网的一种运行方式，是各自独立的发电厂、负荷、储能系统之间的灵活合作方式。该技术并不改变这些实体与电网的硬连接，而是通过网络利用软件对这些实体进行整合、协调、优化，最终实现发、用电资源的合理、优化、高效利用；这些实体不受电网运行调度中心的直接调度，而是通过控制中心参与到电网的运行和调度中，在有效提升可再生能源经济效益和利用率的同时，可保证电网调度安全稳定运行。

一、虚拟电厂的概念

虚拟电厂第一次以专业术语的形式出现是在 1997 年美国西蒙博士发表的《虚拟公共设施：新兴产业的描述、技术以及竞争力》著作中。西蒙教授在该著作中定义了虚拟公共设施：独立且以市场为驱动的实体之间的一种灵活合作，不必拥有相应的资产而能够为消费者提供其所需的高效电能服务。目前，关于虚拟电厂的研究还处于发展阶段，国际上对虚拟电厂并没有形成统一的权威定义，在不同的学者著作中虚拟电厂分别被定义成依赖于软件系统远程、自动分配和优化发电、需求响应和储能资源的能源互联网或是不同类型的分散在中压配电网不同节点的分布式集合。综合来看，虚拟电厂就是通过先进的控制、计量、通信等技术将电网中分布式电源、可控负荷和储能装置等聚合成一个虚拟的可控集合体，并通过更高层面的软件构架实现多个分布式电源的协调优化运行从而协调智能电网与分布式电源间的矛盾。虚拟电厂示意图如图 8-1 所示。

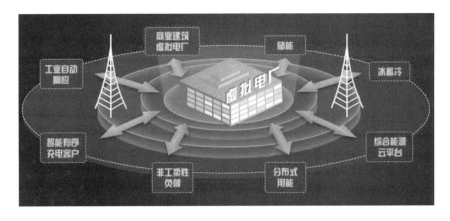

图 8-1　虚拟电厂示意图

相比于传统电厂，虚拟电厂能够充分挖掘分布式电源为电网和用户所带来的价值和效益并提高电网的稳定性和可靠性。有文献将虚拟电厂看作与自治微电网相同的网络，这样于学术而言有失严谨性。自治微电网的普遍定义是：由分布式电源、储能装置、能量转换装置、相关负荷和监控、保护装置汇集而成的小型发配电系统。从概念上看，二者有一定的相似性，其目的都是为了解决分布式电源和其他元件整合并网的问题。但是二者在运行特性、运行模式设计理念和构成条件上还是有很多区别。相比而言，虚拟电厂更有利于资源的合理优化配置及利用。

二、虚拟电厂的功能作用

虚拟电厂通过先进的通信技术，在不改变电网原有拓扑结构的基础上，将地理位置分散的分布式电源、储能系统、可控负荷等单元聚合成 1 个协调管理系统，依靠一系列控制手段使其参与到电力市场和电网运行当中。它对外界表现出的功能与效果，核心内容可概括为"通信"与"控制"。虚拟电厂的功能作用如下：

（1）虚拟电厂能够充分挖掘分布式电源为电网和用户所带来的价值和效益并提高电网的稳定性和可靠性。

（2）虚拟电厂更有利于资源的合理优化配置及利用。

（3）由于其灵活性高的特点，虚拟电厂能促进可再生能源的消纳和高效利用。

（4）虚拟电厂能整合多类型发电资源，参与电力市场各种交易，为电网运营提供容量、辅助服务。

三、虚拟电厂的典型控制架构

虚拟电厂的典型控制结构主要包括集中控制、集中—分散控制、完全分散控制三类。

（一）集中控制结构

虚拟电厂的集中控制结构如图 8-2 所示，其全部负荷信息均传递至控制协调中心（control coordination center，CCC），CCC 拥有对虚拟电厂中所有单元的控制权，制定各单元的发电或用电计划。CCC 控制力强且控制手段灵活，但通信压力大且计算量繁重，兼容性和扩展性也不理想。

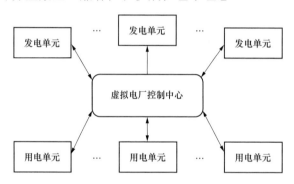

图 8-2　集中控制结构

（二）集中—分散控制结构

集中—分散控制结构如图 8-3 所示，虚拟电厂被分为低层控制和高层控制两个层级。在低层控制中，本地控制中心管理本区域内有限个发用电单元，彼此进行信息交换，并将汇集的信息传递到高层控制中心；高层控制中心将任务分解并分配到各本地控制中心，本地控制中心负责制定每一个单元的发电或用电具体方案。此结构有助于改善集中控制方式下的数据拥堵问题，并使扩展性得到提升。

（三）完全分散控制结构

完全分散控制结构如图 8-4 所示，虚拟电厂被划分为若干个自治的智能子系统，这些子系统通过各自的智能代理彼此通信并相互协作，实现集中控制结构中控制中心的功能，控制中心则成为数据交换与处理中心。

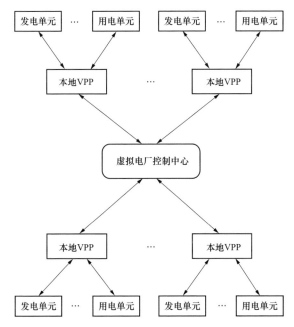

图 8-3 集中—分散控制结构

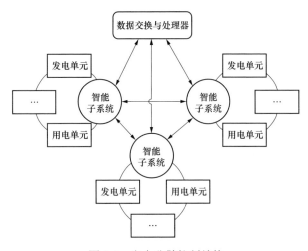

图 8-4 完全分散控制结构

四、虚拟电厂概念解析

（一）虚拟电厂与传统电厂的区别

虚拟电厂与传统发电厂有许多不同，归结起来有以下几点：

（1）虚拟电厂中的储能系统能够储存一部分电量，传统电厂无储能系统。

（2）虚拟电厂由分散布置的多个发电厂协同工作，组成一个抽象的整体。

（3）虚拟电厂由于其灵活性高的特点，比传统电厂更适合作为备用容量和提供辅助服务。

（二）虚拟电厂与微电网的区别

由于分布式发电资源的大规模开发，安全、可靠的分布式发电并网模式越来越受到业内重视，其中虚拟电厂和微电网是公认最具前景的两种模式。微电网虽然也是由分布式发电、储能、可控负荷等系统组成，但与虚拟电厂的理念、运行方式各有不同。相比而言，虚拟电厂更有利于资源的合理优化配置及利用，优势体现为：

（1）微电网更注重"自治"，电网正常时并网运行，电网故障时微电网独立运行。虚拟电厂与此相反，目的是将分散的各个系统整合为一体融入电网，为电网提供备用和辅助服务是其目的之一。

（2）微电网更适合"就地消纳"，主要整合地理上就近分布的电源点，无法囊括间隔较远的分布式发电厂。虚拟电厂则不同，能够通过互联网及现代通信技术利用软件整合不同位置的各子系统，使其协同配合完成任务。

第二节　虚拟电厂关键技术

一、信息通信技术与优化控制策略

（一）双向通信技术

安全、可靠的通信是虚拟电厂可靠生产的条件。双向通信技术是实现发电侧、需求侧、电力交易市场等各个部分的信息与后续资源优化配置的基础。控制中心首先接收各子系统的状态信息、电力市场信息、用户侧信息等，然后根据这些信息进行决策、调度、优化。目前可利用的双向通信技术包括互联网、虚拟专用网、电力线路载波、无线通信等，在此基础上还需要开发虚拟电厂专用的通信协议和通用平台。由于电网运行要求的负荷与供给时时处于一种平衡的状态，因此对于信息传输的及时性要求较高。5G 通信技术为虚拟电厂的发展提供了新机遇，利用 5G 技术低时延、高可靠、广覆盖的特点，解决虚拟电厂的网络瓶颈问题，满足分布式电源、储能站点及柔性负荷对业务较大并行量与实时控制的需求，实现对分布式电源的实时采集与调控，提高虚拟电厂运行的安全性、精确性与时效性。

（二）信息安全防护技术

虚拟电厂作为一个综合了多个子系统的大型信息系统，与各个分布式能源站的工业控制系统、面向用户的用电信息系统、公开的市场营销信息系统、电网的调度信息系统都存在接口，做好系统安全防护、强化边界防护、提高内部安全防护能力，保证信息系统安全极为重要。在当前针对工业控制系统的安全防护技术和面向用户的用电信息系统防护技术基础上，发展与虚拟电厂相适应的大型综合用电信息系统安全技术也是未来虚拟电厂发展中必须重视的问题。

（三）优化控制策略

由于虚拟电厂的控制对象主要包括各种分布式电源、储能系统、可控负荷以及电动汽车，控制结构主要包括集中控制、集中—分散控制、完全分散控制3类，主要组成部分是分布式可再生电源，而可再生电源如风力发电机组、光伏太阳能发电系统无法进行持续而稳定的发电，因此，需要对其进行有效且实时的调度控制。目前常见的虚拟电厂控制方式有集中控制、集中—分散控制、和完全分散控制三种，其中在实现虚拟电厂最佳运转的基础上最简单的控制方式就是集中控制。集中控制的优化运行模型较为简单，但是集中控制的兼容性和延展性较差，不适用于大型虚拟电厂。集中—分散控制通过利用信息交换以及区域化管理，可有效提升控制的兼容性和延展性，但该控制方式仍旧需要一个总控制中心来进行运行调度。相比而言，完全分散控制最为复杂，但其延展性也是最优的。完全分散控制通过将虚拟电厂划分成相互独立的子单元，这些子单元不再受数据交换与处理中心的控制，只接受来自数据交换与处理中心的信息，根据接受到的信息对自身运行状态进行优化。目前较为先进的是依托智能调控运行技术，采用精细化建模与高效求解算法，面向电力调控中心，提供多周期、多目标、多维度、多场景的全方位电网运行调控解决方案。

二、运行调度技术

虚拟电厂在优化调度层面聚焦于三点：①与电—热—冷—气等综合能源协

同优化，促进能源行业安全、高效发展，缓解能源危机；②与电动汽车进行协调优化调度，降低电动汽车大规模并网时产生的峰谷差；③消纳风力发电、光伏太阳能发电等可再生能源出力，平抑分布式电源发电的间歇性和随机性带来的影响，减少弃风弃光现象，提高电网运行的经济性和可靠性。

（一）智能计量技术

虚拟电厂还包括一个重要技术——智能计量技术，主要包含用户侧和发电侧两部分。发电侧部分可以实现分布式电源检测和监管，用户侧部分的自动抄表功能可以自动测量和读取电力消费者房屋内的电、气、热、水的消耗或生产，是智能计量系统最基本的作用，并将其作为一个实时数据信息提供给虚拟电厂电源和需求侧。如今，智能计量技术已经取得了相当大的发展成果，如自动计量管理和高级计量体系甚至能够通过某种手段远程测量用户的实时信息，数据的合理管理，并将信息发送和数据相关人士。在用户侧，用户通过一台电脑即可观察到所有的计量数据，包括企业能够根据我们看到的自己生产或消费的电能以及相应费用等信息，合理调节用电需求。

（二）资源聚合与协调优化技术

虚拟电厂作为一个不存在物理实体的特殊电厂，通过将各种分布式电源等设备资源进行整合后，再参与到电网的运行调度中，在有效提升可再生能源经济效益和利用率的同时，保证电网调度安全稳定运行。资源聚合与协调优化技术是虚拟电厂的核心技术，只有聚合与协调优化技术得到充分的发展，虚拟电厂才能更好地对内部所包含的各个分布式电源进行充分调度，合理分配出力，使得各能源出力互补，提高可再生能源利用率的同时带来更多的经济效益，更好地促进可再生能源的消纳。

三、电力市场交易技术

虚拟电厂通过聚合常规机组及可再生机组，既可作为"正电厂"向系统供电调峰，又可作为"负电厂"加大负荷消纳配合系统填谷。多聚合单位可为用户供电的同时实现对电网调整的快速响应，保障系统稳定，也可获得经济效益，即等同于虚拟电厂参与容量、电量、辅助服务等各类电力市场获得经济收益。在电力市场交易中，虚拟电厂可根据其内部单元的出力特性，分别参与不同时间尺度下的市场交易种类。

虚拟电厂可参与市场交易的种类可分为以下三种：

（1）中长期市场。虚拟电厂聚合供给侧电源单位通过对发电量的中长期预测，结合市场运行模式，与用户签订双边合约，以固定电价合约或者差价合约的形式，固定部分电量收益。

（2）现货市场。虚拟电厂可参与由日前电力市场及实时电力市场组成的现货市场交易，结合市场运行模式，考虑中长期电量分解、机组出力预测等，在日前市场中进行报价，市场出清后，虚拟电厂进行跟随并结算收益。实时市场中，虚拟电厂由于其调度的灵活性，可为市场运行提供备用，在实时交易中占有一定优势，从而实现相关收益。

（3）辅助服务市场。结合我国目前电力市场改革现状，现货市场仅在试点中进行试运行，大部分地区仍依靠辅助服务市场进行调峰。因此，虚拟电厂可结合内部常规机组及储能装置，考虑市场备用、调峰需求及机组补偿机制，参与辅助服务市场交易获取相关经济利益。此外，在进行市场交易时，虚拟电厂可对进行交易的市场类别进行决策分析。虚拟电厂可单独参与单级市场交易，如单独参与中长期市场或实时市场等，通过市场价格与内部成本之间的价差获得收益。基于虚拟电厂的灵活特性，为进一步获得收益，可参与联合市场的交易，即结合虚拟电厂内部单元的出力特性、预测市场价格与负荷量，选择虚拟电厂可参与的交易类型进行产品组合交易。此外，虚拟电厂由于聚合了大量分布式电源及可控负荷，具备发电、调峰、备用等能力，因此在参与市场交易时，可以利润最大化为目标，进行多级市场的参与，以此发挥虚拟电厂的最大效用，进一步提高能源资源的利用效率。

第三节　虚拟电厂实例研究

一、国外虚拟电厂实例研究

（一）FENIX 项目

2005 年 10 月，21 个分属于欧盟 8 个国家的研究组织和机构联合开展了柔性电力网络预期能源解决方案项目（flexible electricity network to integrate the expected energy solution，FENIX）项目，该项目旨在通过一个大型的虚拟电厂

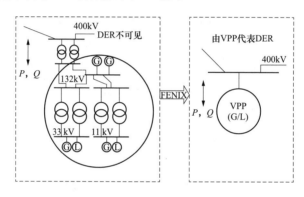

将规模较大，数量较多的分布式能源进行整合，并对其进行合理规划调度，以提升电网系统对于可再生能源的消纳能力。FENIX 项目中主要包含电能资源灵活控制盒、基于市场目标的虚拟电厂（commercial virtual power plant，CVPP）和基于技术目标的虚拟电厂（technical virtual power plant，TVPP）等三个核心元素。其中 FENIX 控制盒负责与分布式能源系统相连，实现了对分布式能源（distributed energy resources，DER）进行远程监测和控制；CVPP 通过软件架构，实现了分布式能源的调度和优化；TVPP 实现了根据配电网的运行状态实施分布式能源发电调度，防止电压过载并缓解电网阻塞。FENIX 项目作为早期的虚拟电厂项目，搭建了虚拟电厂的雏形，为之后的虚拟电厂研究打下了基础。FENIX 项目中的 VPP 架构如图 8-5 所示。

图 8-5　FENIX 项目中的 VPP 架构

（二）Web2Energy 项目

2010 年，欧盟多个国家联合实施了 Web2Energy 项目，该项目是虚拟电厂试点项目，旨在推动智能计量、智能能量管理和智能配电系统自动化技术的发展并促进其在虚拟电厂的应用。

该项目中的虚拟电厂主要聚合了风力发电机组、光伏太阳能发电系统、水电机组、燃气发电机组、储能装置以及可控负荷等六种不同的分布式电源。其中，储能机组又包含了氧化还原储能电池和锂电池两种。该虚拟电厂主要包含控制中心、远程终端单元和智能计量系统等三部分。其中，智能计量系统通过先进的通信技术与用户侧的智能电表相连，实时获取用户的用电信息；远程终端单元则负责与发电侧的智能电表相连，获取各发电单元的运行数据及信息。控制中心与智能计量系统和远程终端单元相连，获取用户的用电信息以及各发电单元的运行数据。然后基于电力系统当下的运行状态和用电负荷以及未来的负荷预测和分布式能源出力预测制定分布式能源的出力计划。

随着智能技术的发展，使得虚拟电厂聚合多种不同的分布式能源变得可能，因此，Web2Energy 项目在 FENIX 项目基础上也重点研究了智能计量、智能能量管理和智能配电系统自动化技术在虚拟电厂之中的应用。

（三）德国 e-Telligence 项目

德国 e-Telligence 项目所在地在人口较少、风能资源丰富、负荷种类较为单一。该项目主要包括 1 个风力发电场、1 个光伏太阳能发电站、2 个冷藏库、1 座热电厂和 650 户居民。该项目运行策略包括：引入虚拟电厂这一概念，对各种分布式发电厂和多种负荷集中进行调控；运行参考分时电价和实时电价，实行峰谷电价；冷藏库的负荷根据购电价格和风力发电场出力变化而进行调整，从而利用对可控负荷的调节和控制达到提高可再生能源的消纳能力，进而实现用电侧和发电侧的协调的目的；虚拟电厂将项目各成员整合为一个整体，参与到当地能源电力市场中。德国 e-Telligence 项目取得了较好的经济效益、社会效益，主要体现在以下几个方面：

（1）虚拟电厂运行方式将风力发电出力不稳定造成的功率不稳定减少了16%。

（2）分时峰谷电价的实行为居民家庭节约了 13% 的电能，这一策略使低谷时段负荷增长了 30%，高峰时段负荷减少了 20%。

（3）虚拟电厂既是电能的生产者又是消费者，根据项目内部电量的供需变化向所在地区售电商进行购电或售电，可降低 8%～10% 的成本。

（4）虚拟电厂系统通过内部协调控制，保证了以供热为主要任务的热电厂的发电出力全部消纳，提高了能源利用效率同时也使其利润有所增加。

（四）德国 RegModHarz 项目

RegModHarz（regenerative model region harz）项目位于德国的哈慈山区，该项目主要包括 2 个光伏太阳能发电站、2 个风力发电厂、1 个生物质发电厂，共计 86MW 发电能力。该项目的运行策略包括建立家庭能源管理系统、管理系统根据电价决定家电的运行。该项目能通过用户的负荷追踪可再生能源的发电量，实现用电侧和发电侧的双向互动；由光伏发电、风力发电、生物质发电、电动汽车和储能系统组成虚拟电厂，作为一个整体参与到电力市场中；通过对风力、太阳能、生物质能等可再生能源发电厂与抽水蓄能电站进行协调控制，使得可再生能源得到有效利用。该项目的亮点在于虚拟电站系统中的用电侧整合了储能系统、电动汽车和包括智能家居的家庭能源管理系统，基本形成了小型的能源互联网。RegModHarz 项目取得了如下成果：

（1）基于 Java 编程语言开发了开源软件平台：开放网关能源管理联盟（Open gateway energy management alliance，OGEMA），可以为外接电气设备提供标准化的数据结构和设备服务，从而实现用能设备的"即插即用"。

（2）虚拟电厂直接参与电力交易，为分布式能源系统参与市场调节提供了参考。

（3）抽水蓄能电站加入虚拟电厂，与风力发电、太阳能发电配合，很好地解决了可再生能源出力不稳定的问题，为可再生能源丰富地区的能源消纳提供了参考。

此外，莱茵-鲁尔地区的 E-DeMa 项目则使用户同时扮演能源生产者和消费者的角色；斯图加特地区的 Meregio 项目通过信息和通信技术和智能电表实现碳排放的有效控制。

（五）美国虚拟电厂项目

相比于其他国家的虚拟电厂一般通过对各种分布式能源的聚合调度实施运行，美国的虚拟电厂项目包含较少发电能源，主要通过储能机组和需求响应来实施。同传统发电厂相比，美国虚拟电厂项目能够对用户的负荷需求变化做出快速反应，进而减少电力需求，节约化石能源。与其他的虚拟电厂项目相比，美国虚拟电厂项目不需要大规模建造分布式能源的基础设施，节约经济资源。

美国虚拟电厂的商业模式主要包括第三方管理、政府管理和电网管理三种。目前应用最广泛的是电网管理模式。在电网管理模式中，由电网公司作为执行者，配电公司、电力市场大用户和负荷集成商作为需求响应资源的供给者。需求响应方式主要有紧急需求响应和经济需求响应。紧急需求响应是指在电力系统备用容量不足或负荷过大而出力较少时，需求应资源的供给者自愿按照调度中心的指令减少负荷并获得一定的经济效益的行为。经济需求响应是指需求响应资源供给者以自身可控负荷参与电量市场、容量市场等电力市场交易，从而获得经济效益。美国虚拟电厂更多的是从需求响应的角度出发，通过充分调动需求侧资源来产生虚拟的发电，进而缓解电网压力获取经济效益。

（六）丹麦爱迪生项目

爱迪生项目是丹麦的一个虚拟电厂试点项目，主要研究如何通过虚拟电厂实现对于电动汽车的管理，并以此识别电动汽车并网所带来的挑战，提出相应的解决方案。

该项目采用了两种不同的虚拟电厂架构。在独立型结构中，爱迪生虚拟发电厂可直接参与电力市场，以实现内部电力平衡。在整合型结构中，包含电动汽车的虚拟电厂通过向既有的市场参与者提供支持服务来实现电动汽车的有效利用，并从中获得合理收益。随着电动汽车技术的逐渐成熟，电动汽车的数量逐渐增多，同时，充电桩等相关设施的建立也逐渐完善。整体来看电动汽车已经成为大规模的可调度资源。丹麦虚拟电厂项目将重点放在电动汽车上，同时探究了在两种不同架构中电动汽车的效用。

综上，国外各个国家分别针对虚拟电厂的不同特点进行了研究。欧盟注重于包含分布式能源的虚拟电厂的整体调度，美国重点关注于需求响应在电力市场中的作用与实施方式，丹麦注重于电动汽车在电力市场及辅助服务市场中所能提供的作用。

二、国内虚拟电厂实例研究

相比而言，我国的虚拟电厂应用以及实践项目起步较晚，但目前也已经在多个地区进行了一些试点工作并取得了一些进展。

（一）东部某市区试点商业建筑虚拟电厂项目

东部某市区以柔性负荷响应系统试点商业建筑虚拟电厂。柔性负荷是指在一定时间内可以变动的负荷，通过研究柔性负荷调控系统的聚合方法、结构组成、工作原理等内容，在不影响用户使用的前提下，对负荷进行控制，达到削减或增加负荷的目的。该虚拟电厂包含超过 230 栋大型商业建筑，对其能耗进行实时在线监测、年监测用量超过 100 万 kWh，占当地社会用电总量的 40%。根据规划东部某市区将建成具有 5 万 kW 容量、1 万 kW 自动需求响应能力、0.2 万 kW 二次调频能力，年虚拟发电运行时间不少于 50h，总"发电能力"将达到 5 万 kW 的虚拟电厂。与美国虚拟电厂相似，东部某市区试点虚拟电厂项目主要是通过需求响应调动需求侧资源来产生虚拟发电，但其更加注重于通过对需求响应的方式及程序进行设计，以优化用户体验，在不影响用户使用的前提下进行需求响应。

（二）某东部省份"源网荷"互动虚拟电厂系统

某东部省份大规模源网荷友好互动系统基于智能电网技术和"互联网＋"技术，在电力供应紧张或突发电网事故时，将大型电力用户整合起来，化身虚拟电厂保障电网的安全稳定运行。

该工程自 2015 年开始，共经历了三期建设，一期工程中包含接入的 810 个大用户以及华东区域的 8 个特高压直流子站，8 个抽水蓄能子站和 252 个电网侧变电站。二期工程于 2017 年建成，新增了两个控制主站、8 个 500kV 控制子站和 518 个用户终端。经过二期扩建，系统初步形成了由控制中心站－主站－子站－控制终端组成的分层分区完整架构。同时，经过二期扩建，系统控制对象的范围扩大了，由只控制用户终端扩大到燃煤电厂的可中断辅机、南水北调翻水站的抽水泵和大兴的储能电站，毫秒级控制总容量达到 200 万 kW。三期扩建工程于 2018 年建成，新增 4 个 500kV 子站、23 户燃煤电厂的可中断辅机和 10 户储能电站。并完成了系统整体联调、实切用户实验和实切时间测量实验等工作。控制数量达到 2078 户，毫秒级控制容量达到 260 万 kW。

目前，该工程在负荷控制能力方面，相当于 4 台百万 kW 火电机组；在送电能力方面，可提升特高压直流 154 万 kW。累计增供电量 49.896 亿 kWh，累计新增利润 1.2474 亿元。为区域带来了巨大的经济效益和环境效益。该系统在该省份电网成功应用，实现了快速负荷调控方式的根本性改变，起到了很好的示范作用。

参 考 文 献

[1] 钟永洁，纪陵，李靖霞，等. 虚拟电厂基础特征内涵与发展现状概述 [J]. 综合智慧能源，2022，44（6）：25-36.

[2] 刘东，樊强，尤宏亮，等. 泛在电力物联网下虚拟电厂的研究现状与展望 [J]. 工程科学与技术，2020，52（4）：3-12.

[3] 卫志农，余爽，孙国强，等. 虚拟电厂的概念与发展 [J]. 电力系统自动化，2013，37（13）：1-9.

[4] 张凯杰，丁国锋，闻铭，等. 虚拟电厂的优化调度技术与市场机制设计综述 [J]. 综合

智慧能源，2022，44（2）：60-72.

［5］Gong Jinxia，Xie Da，Jiang Chuanwen，et al. Multiple objective compromised method for power management in virtual power plants ［J］. Energies，2011，4（4）：700-716.

［6］杨晓巳，陶新磊，韩立. 虚拟电厂技术现状及展望［J］. 华电技术，2020，42（5）：73-78.

［7］方燕琼，艾芊，范松丽. 虚拟电厂研究综述［J］. 供用电，2016，33（4）：8-13.

［8］Mashhour E，Moghaddas–Tafreshi S M. Bidding strategy of virtual power plant for participating in energy and spinning reserve markets—Part I: Problem formulation［J］. IEEE Transactions on Power Systems，2011，26（2）：949-956.

［9］DEBORA C，MIA P，ERIC L.Future intelligent power grids：analysis of the vision in the European union and the united states ［J］. Energy Policy，2007，35（4）：2453-2465.

［10］Project interim report ［R/OL］.（2013-02-20）［2023-6-30］. http：//www.web2energy.com/.

［11］DEJAN H，STAMATIS K，DETZLER S，et al. A system for enabling facility management to achieve deterministic energy behavior in the smart grid era ［C］. Proceedings of the International Conference on Smart Grids and Green ITSystems，Barcelona，2014.

［12］Federation of German Industries（BDI）. Internet of energy：ICT for energy markets of the future ［M］. Berlin：Federation of German Industries Publication，2008.

［13］尹晨晖，杨德昌，耿光飞，等. 德国能源互联网项目总结及其对我国的启示［J］. 电网技术，2015，39（11）：3040-3049.

［14］杨黎晖，许昭，J. φSTERGAARD，等. 电动汽车在含大规模风电的丹麦电力系统中的应用［J］. 电力系统自动化，2011，35（14）：43-47.

第九章　柔性配电网技术发展

传统配电网为交流网络，闭环设计并开环运行，根据基尔霍夫电压和电流定律，存在潮流自然分布，随网络拓扑和负荷需求的变化也相应变化。随着电力电子技术的发展，利用智能柔性开关可实现配电网潮流的灵活控制，部分专家提出了柔性配电网的概念。目前，柔性配电网的相关研究尚处于起步阶段。本章对柔性配电网技术概述、柔性配电网的关键技术、柔性配电网实例研究做了简单介绍。

第一节　柔性配电网技术概述

一、柔性配电网的概念

柔性配电网（flexible distribution network，FDN）是一个能够灵活地在闭环的情况下运行一个分配网络，其主要网络功能是柔性开关站（flexible switching station，FSS），且具有以下特征：①闭环性，短路电流可以实现很好的阻隔，FDN 能够闭环运行；②灵活性，某些特定节点能够实现连续控制，从而改变配电网中潮流的分布。闭环能力可以提高 FDN 的供电可靠性，避免或者减少在元件故障、设备检修期间的短期停电；FDN 通过电力电子设备实现更灵活的功率控制，使其能够快速、广泛地满足负载和分布式电源（distributed generation，DG）的有功波动性。电力电子设备是 FDN 的关键设备，它们使得配电网某些主要节点或分支具有灵活的闭环功能，这些节点称为灵活节点或灵活分支。

具有灵活性的 FDN 闭环组网结构如图 9-1 所示，其中 FSS 在传统电网的开环点连接多条馈线，每条馈线均接有负载。图 9-1 中 FSS_1 具有两个终端，FSS_2

具有三个终端，FSS₃具有四个终端。与传统的交流配电网不同，在传统电网中连接不同馈线的开关在正常操作期间会断开连接，而在 FDN 中，柔性开关始终处于闭合状态，馈线以闭环形式连接。

从提出柔性直流配电的理念以来，国内外相关专家开展了深入的研究和多种示范。2004 年东京工业大学设计并建成了一套10kW 的直流供电系统；2008 年，国际大电网会议定义了主动配电网的概念，主要是内涵是基于交直流混合运行，并实现其系统层

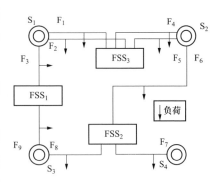

图 9-1 FSS 组网构成的 FDN

面的整体优化；2010 年，弗吉尼亚理工大学建设了可持续建筑与纳米网络（sustainable building and nanogrids，SBN）系统，该系统通过两条电压等级分别为 380V 和 48V 的直流线路为不同电压等级的负载进行供电。2015 年，亚琛大学开展了一项名称为"Campus FEN Research Grid"的校园中压直流配电工程，该工程为校园供电，并将校园直流配电网分别通过 AC/DC 和 DC/DC 换流器连接至上级交流、直流电网。

国内也在直流配电网方面开展了丰富的研究。2013 年，深圳电力公司开展了 863 科技项目"基于柔性直流的智能配电关键技术与应用的研究"，该项目基于 FREEDM 结构的能源互联网系统，其中包含了中压柔性直流配电网络，基于该项目对柔性配电网的系统结构、关键技术开展研究。2016 年，贵州省电力公司开展"城市配电网柔性互联关键设备与技术研究"科技项目，与贵州大学合作建成了国内首个五端口的柔性互联配电网示范工程，在该柔性交直流互联配电中心，涵盖了集交流配电网、交直流微电网、分布式电源、充电桩为一体的柔性交直流互联配电中心。清华大学、天津大学、中科院电工所等高校和机构均开展了交直流混合配电网的相关研究，包括多种不同电压等级（如48、±170、400V 等）的直流微电网，在系统保护和系统运行调度等方面取得突破。天津投建了公共房屋展示中心，在该中心配备了 300kW 的光伏电源和 648kWh 的储能系统。

得益于柔性配电网的闭环结构和灵活调整能力，使得配电网具有均衡馈线潮流分布、改善配电网电压水平的能力，从而提高对分布式电源波动出力的消

纳能力。根据国家能源局的相关要求，需要为新能源机组配套储能设备，随着越来越多的储能设备的接入，配电网将开展网—源—荷—储各侧灵活资源的协同运行，从而有效地提升系统运行的经济性、实现系统净负荷曲线的削峰填谷。柔性配电网具有提升电网供电可靠性、降低系统损耗和运行成本的潜力，该领域的相关研究仍处于初始阶段，柔性配电网的相关技术和设备需要很长时间进行推广应用。随着科学技术的发展，FDN 的发展前景十分广阔。

二、柔性配电网的拓扑结构

交流电网中较早应用的柔性设备是背靠背柔性互联设备（flexible interconnection device，FID），可以把两个交流同步电网隔开，有效提高系统运行的稳定性。在 FID 的基础上，将直流侧的线路扩展为直流母线，在直流母线上并联接入直流型电源及负荷、储能装置、微电网等设备，甚至是直流微电网、直流子系统，不仅能够完成传统的互联系统间功率调节的功能，同时还可以实现直流形式源储荷的高效接入，提高能源综合利用效率。交直流混合配电网拓扑如图 9-2 所示。

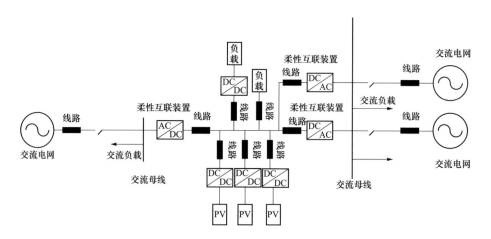

图 9-2　交直流混合配电网拓扑

根据不同电压等级电网的责任，通常情况下网格状的拓扑结构常用于高压输电系统，辐射型、多分段多联络等拓扑结构常用于中低压的配电系统。本节选取应用最广泛的"手拉手"两端供电网络，以减少换流器的投建，提高分布式电源的接入容量为目标，构建基于智能软开关（soft open point，SOP）的交直流混联配电网，拓扑结构如图 9-3 所示。在传统辐射状交流配电网的基础上，将由台区引出的两条 10kV 中压馈线上接入多种柔性设备，主换流站置于一条 10kV 馈线的出口处，实现由交流系统向直流系统的转换，再从换流站分别连接下游的交流和直流线路；SOP 代替传统手拉手网络中的联络开关，在每条馈线上均接有光伏、储能和交/直流负荷。基于电力电子设备组成的交直流混合配电网，通过灵活控制 SOP 与换流站电压源型变流器（voltage source converter，VSC），可以实现两条馈线之间潮流的连续控制，优化系统的运行状态。

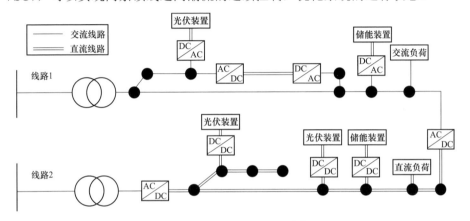

图 9-3　交直流配电网网架结构图

在上述交直流混联配电网中，换流器 VSC 是至关重要的设备。常见的换流器结构如图 9-4 所示，有单极对称、单极非对称和双极等。由于 10kV 及以上电压等级的交流线路一般采用三相三线的拓扑结构，若采用单极非对称结构的 VSC 换流器，则需要新建一相线路作为金属回路，这种设计方案会导致金属回路的电流过大；若采用双极结构的设计思路，则需要两个换流器，使得经济性变差；综合考虑调度安全性、运行经济性等因素，可采取单极对称结构的 VSC 换流器，此时交流三相线路分别作为直流正极、直流负极和金属回路线。关于 VSC 换流器的控制方式，可以选择 P、Q、U_{dc}、U_{ac} 四个控制变量中的两个，比如：对于图 9-3 所示的交直流配电网主换流站采用定电压 V_{dc}-Q 控制，用于稳定直流线路电压；连接在交、直流线路之间的从换流站采用 P-Q 控制方法，此种控制方法可以准确调节有功功率与无功功率，实现降损调压的目的。当采用单极结构的 VSC 换流器时，直流线路的最大传输功率理论值为 $2U_{DC}I_{DC}$，考虑线路有功损耗和环境等影响因素，直流侧的电压等级可选择 15kV，约等于交流线路电压的峰值。由于交流系统中存在集肤效应，电流集中于导线的周围，这使得直流线路的电流 I_{DC} 小于交流电流 I_{AC}。

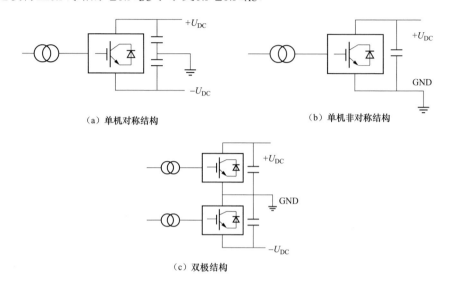

（a）单机对称结构　　　　　　　　　（b）单机非对称结构

（c）双极结构

图 9-4　常见的换流器结构

　　柔性配电网中的环网装置可以实现高频率调节，从而实时响应系统运行状态，有效避免联络开关通断过程中产生的动作损耗、合环电流等问题，性能远远高于传统配电网中的联络开关。含三端柔性环网装置的交直流混合配电网结构如图 9-5 所示，可实现三条馈线之间的互联互通互济，把传统交流配电网改造成柔性配电网时，利用 VSC 换流器连接三条 10kV 馈线，在 VSC 换流器的直流端接入直流线路，新能源装置与交、直流负荷可以根据需求的不同进行分区域连接，为提高故障期间向重要负荷继续供电的能力，每条线路还可接入一定的储能装置。根据直流潮流的原理，不存在因无功环流的额外损耗，可以实现协调系统的潮流分布、提高分布式电源渗透率的功能，保障城市配电网的安全运行。其中，交流线路的电压等级 10kV，直流线路的电压等级为 15kV，设备容量为 30MVA。基于三端 VSC 换流器的交直流混合配电网中，如果某条馈线发生故障，其他两条正常馈线可以实时提供功率支撑，无间断恢复负荷供电；如果系统进行计划检修，由于系统实行闭环运行，检修线路两端的负荷均无需停电。考虑配电网的 N-1 安全准则，每条线路的负载率存在上限。

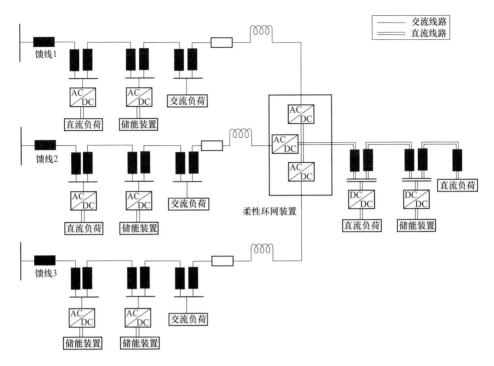

图 9-5　含三端柔性环网装置的交直流混合配电网

三、柔性配电网的特征

相较于传统的交流配电网，柔性配电网具有以下特征：①更强的调节能力；②更迅速的响应速度；③更精确的量测精度；④更丰富的控制目标。这些特征适应新型电力系统的发展要求。

柔性配电网的调节能力体现在系统源—网—荷—储的各个环节，根据物理本质，可以将调节能力划分为三个层级，即一次系统调节能力、信息调节能力和用户调节能力。一次系统调节能力表现在配电网利用多种类型的可调设备，通过改变潮流分布有效实现系统的负载平衡；信息调节能力表现在更精确的预测手段，有效制定预防控制策略和安全控制策略，提高系统安全可靠持续供电的能力；用户调节能力表现在通过电力交易机制、市场导向等信息，引导用户积极参与配电网的优化运行，并从中获利。

柔性配电网的响应速度更为迅速，其本质在于电力电子装置可实现千赫兹、兆赫兹的控制频率，响应速度远高于断路器、刀闸等传统设备。通过改变逆变器的导通角和关断角,能够有效改变其输出功率,可实现分布式电源由"不可调度"变为"有限调度",不仅可以提高分布式电源的利用效率,还可以提高系统的经济性和安全性、改善电能质量、降低系统阻塞等。同时,储能设备可实现电量平移、充放电状态快速转变,SOP 设备可实现潮流的快速转向,柔性配电网的调节能力进一步增强。

基于智能终端的负荷预测、新能源预测功能越来越丰富,柔性配电网中的量测数据的精度不断增加。通过广域量测系统,可对广域分布的配电系统电气量进行实时测量并提供大量同步相量数据,满足柔性配电网的大范围、多类型信息量测,以及深入到用户侧的信息采集等现实需求。进一步将采集到的信息进行整合、分析和判断,形成对电网当前运行状态的综合感知与评估,实现配电网的智能运维等。

柔性配电网的重要特征之一是丰富的运行目标。传统配电系统的主要任务是实现集中式电能的有效分配,安全可靠持续地向负荷供应高质量的电能。随着配电网由无源网络转变为有源网络,可调节设备的种类和数量逐渐增多,配电网的运行目标越来越丰富,比如提高新能源的消纳比例、延缓配电网的容量扩建、保证重要用户的电能质量等,运行评价指标不断丰富和发展。

第二节　柔性配电网的关键技术

一、关键设备及功能

柔性直流配电网重要设备包括 SNOP 开关、AC/DC 换流器、DC/DC 换流器、直流断路器、电压平衡器等。

（一）SNOP 开关

新能源机组的出力具有间歇性、波动性和不确定性,高比例新能源机组的接入使得源荷平衡能力下降,对电网的安全稳定运行造成不良影响。网络重构是传统配电网实现安全稳定运行的重要手段,包括故障态的重构和正常态的重构,通过改变配电网中联络开关和分段开关的开闭状态,改变配电网的拓扑结构。不过,基于传统网络重构的调度手段,改变后的系统潮流仍然是自然分配,功率分配的调整灵活度有限,同时还会存在动作损耗、冲击电流、电弧熄灭、合环电流等问题，并不适应未来智能电网柔性控制潮流的要求。近年来，柔性配电网的快速发展为传统配电网调节能力不足的难题提供解决方案。

柔性配电网采用大功率电力电子装置智能软开关（soft open point，SOP）代替馈线中的联络开关，可以有效控制潮流分配，快速调节线路功率流动，实现系统的多目标控制。智能软开关这一概念最早由国外专家提出，用于替代传统线路中的常开联络开关（normally open point，NOP），并命名为"软常开开关"（soft normally open point，SNOP），随着运行控制技术的逐渐发展，智能软开关失去了明显的"常开"特征，因此，在后续的研究中多被称为 SOP。与传统的联络开关相比，智能软开关可以柔性调控线路潮流，有效避免了因频繁切换开关带来的安全问题，使配电网同时具备开环运行和闭环运行的优点。应用智能软开关的配电网具体优势如下：

1. 提升分布式电源接入能力

分布式发电，尤其是光伏装置在配电网中的使用逐年增加。现场应用显示，分布式光伏装置接入配电网后，由于潮流方向的频繁变化，在光伏大发时段存在接入点及局部线路的电压升高，在光伏不发电时段电压偏低的问题，导致配电网中局部电压越限。配电网线路参数、负荷在配电网的分布、天气状况、光伏的接入位置和容量都会对电压越限问题产生不良影响。据调研，随着设备成本的下降，分布式光伏进入发展的快车道，光伏的接入位置和容量在动态变化。约束条件的频繁变化使得配电网的电压控制问题变得十分困难，电压约束是限制分布式新能源发展的重要原因。柔性互联装置 SOP 可以动态改变潮流分布，减少联络开关、变压器分接头等传统设备的调节频次，改善接入点分段母线间的功率分配，提升分布式电源的渗透率，为分布式光伏的广泛应用带来可能，从本质上解决新能源与就地负荷的不匹配造成的电压越限等问题。

2. 降低配电网运行损耗

由于大量分布式新能源的接入和负荷多样性的发展，并网点的功率方向和大小频繁变动，时间维度上的动态波动性也越发明显。根据基尔霍夫定律，潮流均匀分布时系统的网络损耗最小，而频繁地波动和不及时的调节会导致系统的损耗较大。通过在交直流混合配电网关键位置安装 SOP，动态改变每条馈线的潮流大小，以优化系统损耗为控制目标，在其自身容量允许的范围内进行无极差连续调节功率，实现馈线上损耗的极大降低。随着技术的进步，电力电子设备的损耗快速下降，使用寿命逐渐延长，即使考虑 SOP 的自身损耗，其综合效率在很多工况下仍然是具有应用价值的。

3. 提高供电可靠性

配电网的运行工况复杂，设备数量庞大，故障发生频繁。传统配电网通过网络重构功能改变开关的开闭状态，在故障清除后，可以继续向部分负荷继续供电。然而，由于机械式开关存在操作时间，倒闸操作很可能会导致短时的停电。如果采用 SOP 代替常规的联络开关，在配电网部分馈线发生故障时，SOP 可以实时响应控制指令，改变潮流的自然分布，快速向缺电区域提供电能支撑，可以做到无故障区域的连续供电，提高线路供电可靠性。软开关设备的造价虽然比较高，但是对于重要负荷，降低的停电损失可以覆盖设备的投资成本。

基于 SOP 的柔性互联技术为柔性配电网的发展奠定了坚实的基础，并在优化运行、提高供电可靠性、节能减损等方面具有很大潜力。在优化控制方面，SOP 的控制策略取决于系统的优化目标，如通过改善系统潮流降低网络损耗，以提高供电经济性，通过改善节点电压越限情况，以改善分布式电源的消纳效果，提高新能源发电装置渗透率和提高配电网环保性。在实际运行中，要多方面兼顾和综合考虑，同时还要计及各类器件、线路的运行约束条件。鉴于当前电力电子装置的投资成本，需要 SOP 和传统的网络重构等措施协同配合，实现配电网的全面优化。

（二）AC/DC 换流器

根据 AC/DC 换流器的原理，可分为电流源型换流器（current source converter，CSC）和电压源型换流器（voltage source converter，VSC）。CSC 存在潮流反转不易控制、多端柔性直流配电网协调控制困难、换流器交流侧无功电源支撑容量不足、无法配置大容量谐波滤波装置等缺点，而 VSC 能够有效解决以上不足，在直流配电网中得到广泛应用。VSC 存在二电平和 MMC 两种拓扑结构，其中二电平换流器的开关器件功率小、耐压能力弱、无法实现高电压大容量输出等缺点，已逐渐被 MMC 换流器替代。MMC 采用模块化结构，将直流侧的电容分散到每个子模块中，MMC 的内部也具有一定的可控性。MMC 对内可采用直接均压调制、子模块电压闭环调制等多种控制策略，对外可以等效为受控电压源，外特性与传统两电平和三电平换流器类似。

（三）DC/DC 换流器

DC/DC 换流器可以改变两端的直流电压，是分布式直流源、直流负荷、储能等直流装置接入直流母线的关键环节，是最大功率跟踪、定电压等相关控制策略的主要对象。该设备大致分为以下几种模型：传统 DC/DC 换流器、基于晶闸管的谐振式 DC/DC 换流器、谐振开关电容 DC/DC 变换器及模块化多电平 DC/DC 变换器，各类 DC/DC 换流器在柔性直流配电网中均有一定的应用场景。

（四）直流断路器

直流断路器是实现短路故障快速切除及隔离故障的装置，可分为机械式直流断路器、全固态直流断路器和混合式直流断路器。机械式直流断路器一般由机械开关及缓冲电路构成，该类型开关带载能力强、通态损耗小，但切除故障时间长、开关触头易损坏，应用范围较小；全固态直流断路器由固态开关、检测电路及驱动控制回路构成，切除故障时间短，但带载能力弱、通态损耗大，具有较大的局限性。混合式直流断路器将机械式和全固态直流断路器的优点相结合，具有通态损耗小、切除故障时间短等优点，是直流断路器未来发展的主流方向。

（五）电压平衡器

柔性直流配电网按配电形式可分为单极性配电和双极性配电。双极性配电具有高安全冗余系数、便于不同电压等级直流负载和分布式电源接入配电网的优点，因此应用更为广泛。但双极性配电存在着不同电压等级直流负载引起的直流电容均压问题，需要采用电压平衡器等设备解决。

二、分层协调运行策略

柔性配电网采用可关断的电力电子器件和脉宽调制策略，具有很强的灵活性和可控性。柔性配电网包括分布式电源、交直流负载、储能、并网变流器和其他设备。如何实现单元间的协调控制是柔性配电网运行控制的难点之一。

柔性配电系统功率平衡与优化调度的实现有赖于直流侧电压稳定控制。直流侧电压的控制方式可分为三大类，即主从控制、电压裕度控制和电压下垂控制。对于主从控制方式，通常选择一个主换流站采用定电压控制策略，其余的换流站则采用定功率的控制策略，当定电压控制的主站出现故障而退出运行时，整个系统将失稳，这导致主从控制的可靠性较低，应用场景有限。电压裕度控制是对主从控制的改进，主站具有一定的电压控制范围，实时监测端口的直流电压，动态调整各个换流站的控制模式，更换控制主站时易产生直流电压振荡现象。在下垂控制策略中，各站根据预置好的控制特性曲线，自主制定直流电压控制指令与功率分配方案，其可靠性更高，适用于多端柔性互联的系统中。

控制作用的发挥有赖于多源异构的量测信息。通信系统是柔性配电网的重要组成部分，按照对通信系统的依赖程度，控制方式可依次分为：就地控制、分布式控制、集中式控制。在就地控制策略中，各种可调节资源的控制器相互独立，可实现快速实时响应，其缺点是可利用的信息有限，进而导致调节能力受限。在集中式控制策略中，调度中心需要实时获取电网的整体运行信息，开展集中计算，从而得出各种可调节资源的最优控制方法，这就要求电网具有很高的可观、可测和可控性，收集并处理大量信息；同时，由于高度依赖信息通信网络，一旦发生通信延迟将无法响应系统的变化，系统整体运行的安全性、可靠性受到很大影响。实际运行中，柔性配电网可同时采用有通信要求的集中控制和无通信要求的分散控制。

借鉴交流电网 3 次调频技术，在柔性配电网平稳运行的前提下，为提高新能源消纳能力、降低网损和减小装置损耗等，建立多层协调运行策略，包括各换流器内部的控制系统、多端协调控制系统以及能量优化调度系统。第一层控制和第二层控制基于本地信息量实现直流电压控制，是对柔性配电网分散管理单元的控制，无需上下行通信，设备可靠性较高且调节时间短；第三层控制通过最优潮流计算给出最优调度方案，是实现全局集中控制的管理单元，依靠上下层的通信来完成，但由于优化区间较长，对通信频率要求不高。以一个包含主从换流站、风光储系统和交直流负荷的环形直流配电网为例，分层控制框架主要包括如下结构：

（1）第一层控制。通过主从控制维持系统正常态的平稳运行。运行指令由能量优化调度系统下发，各单元内部控制系统在毫秒时间尺度内完成运行指令的执行。风机和光伏电池按照最大功率跟踪模式运行，蓄电池采用削峰填谷策略，与分布式电源共同构成可控的功率源。

（2）第二层控制。利用换流站、分布式电源和储能系统的协调配合实现二次电压恢复。各单元通过检测直流电压变化，将动作指令下达至第一层控制系统，通过模式切换调整系统秒级的功率，实现系统的平稳运行。

（3）第三层控制。根据网络参数、预测数据以及储能装置的荷电状态等数据，利用能量优化调度系统，开展分钟级的最优潮流计算，得到第一层控制系统稳态运行的优化指令，兼顾技术与经济效益。

三、典型运行方式

（一）正常运行方式

以含三端 FSS 的柔性配电网为例，FDN 的正常运行示意图如图 9-6 所示。在工况下，馈线的负荷分布不均衡，由 FSS 连接的三回馈线可以相互支撑，存在双向潮流。在柔性配电网正常运行状态时，可采用如下的潮流调节策略：互联馈线的潮流调节量为 ΔA_{Fj}，调节后每回馈线等效负荷为 L_{Fj}，其中：

$$\begin{cases} L_{Fj} = \sum_{i=1}^{n} L_{j,i} \pm \Delta A_{Fj} \\ \Delta A_{Fj} = \left| \sum_{i=1}^{n} L_{j,i} - \frac{1}{3} \left(\sum_{i=1}^{x} L_{2,i} + \sum_{i=1}^{z} L_{3,i} \right) \right| \end{cases} \tag{9-1}$$

式中：ΔA_{Fj} 为 FSS 调节馈线超流量；L_{Fj} 为 FSS 调节后其各馈线间的等效负荷，j 取值范围为 $(j, n) = \{(1, x), (2, y), (3, z)\}$。

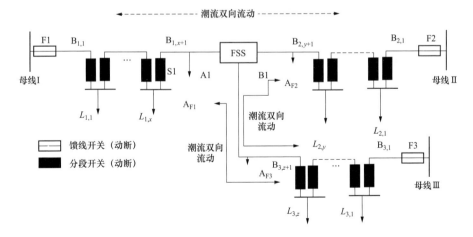

图 9-6 FDN 的正常运行示意图

（二）故障运行方式

多联络柔性配电网在正常运行状态中是闭环运行，故障期间则转变为开环运行。现对配电网的 N-1 故障进行分析说明，FDN 的 N-1 故障运行如图 9-7 所示。为了隔离故障线路，让无故障的馈线 F2、F3 保持正常通电状态，发生故障的 F1 则会被直接断开。故在某一馈线发生故障后，避免了非故障区域发生短期停电，由此提高了其供电可靠性。

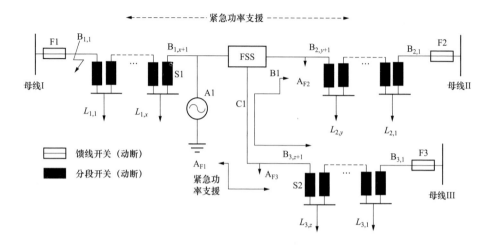

图 9-7　FDN 的 *N*-1 故障运行

结合实际情况，FSS 的安装只能保障其起作用的这一部分的电路，其余部分需要按照实际的情况进行故障的考虑。常用的预防措施包括：①用断路器代替隔离开关，能够很好地防止电弧的出现；②加强自动化设备，加快开关的分离时间，保障非故障段顺利运行。若是只在故障处安装了 FSS，但缺少其他相关的保护设备，即使将 FSS 的故障率考虑在内，其整体的可靠率也无法保证。

如图 9-7 所示，在 FDN 发生 *N*-1 故障时，为了实现馈线 F2、F3 负荷均衡，可以通过以下的措施：先输出 A1 端接口的功率等效电源 ΔA_{F1}^f；然后非故障段 F2、F3 与 FSS 两个端口 B1、C1，将其吸收功率等效为负荷 ΔA_{F2}^f、ΔA_{F3}^f，由此可以增大 F2、F3 负荷。以下为 FSS 的三个端口的功率：

$$\begin{cases} \Delta A_{F1}^f = \sum_{i=1}^{x} L_{1,i} \\ \Delta A_{F2}^f = \dfrac{1}{2}\left(\sum_{i=1}^{x} L_{1,i} + \sum_{i=1}^{y} L_{2,i} + \sum_{i=1}^{z} L_{3,i} \right) - \sum_{i=1}^{y} L_{2,i} \\ \Delta A_{F3}^f = \dfrac{1}{2}\left(\sum_{i=1}^{x} L_{1,i} + \sum_{i=1}^{y} L_{2,i} + \sum_{i=1}^{z} L_{3,i} \right) - \sum_{i=1}^{z} L_{3,i} \end{cases} \quad (9\text{-}2)$$

由式（9-2）可得，FDN 的工作原理为合理分布每条馈线的负荷，使得每条馈线的裕度达到最大值，此时，可能每条馈线的负荷大小不同，但都已达到自身的负荷最大值；对比传统配电网发生故障时，必须通过操作分段开关转移负荷才能使得线路正常工作，往往容易造成过负载的情况。通过两者的对比可以看出，FDN 的安全性能更高。

第三节　柔性配电网实例研究

一、国外柔性配电网实例研究

（一）Eagle Pass BTB

2000 年 ABB 公司在得克萨斯州建成柔性直流工程 Eagle Pass BTB，是首个基于 VSC 的柔性直流输电工程,将得克萨斯州的输电电网与墨西哥电力系统互连。由于 VSC 利用了 IGBT，与传统的基于晶闸管的技术相比，其动态性能得到了显著改善。作为美国建设的第一个 VSC 示范工程，电压等级为 15.9kV，系统容量为 36MW。

（二）Cross Sound Cable HVDC

Cross Sound HVDC 工程是连接康涅狄格州纽黑文和纽约长岛肖勒姆之间的跨海 HVDC 柔性直流输电工程。该工程于 2002 年中完成，直流电压达到 150kV，通过长约 40km 海底电缆传输 330MW 的最大功率，验证了柔性直流在长距离与较大 MW 应用中的适用性。

（三）Mackinac BTB

为实现密歇根州上半岛和下半岛北部电网互联、帮助控制潮流并增强电网稳定性，由美国输电公司投资、ABB 提供核心技术的 Mackinac BTB 于 2014 年建成并投入运行。这是 ABB 首次使用多级 VSC 技术的大规模背靠背 HVDC 系统，直流电压±70kV，输电容量达到 200MW。

二、国内柔性配电网实例研究

我国目前已经建成多个示范工程，包括贵州五端柔性交直流配电网示范工程、广东珠海多端交直流混合柔性配电网互联工程等，柔性环网控制装置也在如北京延庆智能交直流配电网中得到了应用，这些示范工程的建设突破了配电网闭环运行、故障分析与自愈控制、能量优化等关键技术，为交直流互联形式的未来配电网系统的发展提供了实际工程经验。

（一）某五端柔性直流配电示范工程

2018 年，中压五端柔性直流配电示范工程在某大学新校区试运行，该项目建立了融合交流配电网、交流微电网、直流微电网、分布式电源、电动汽车充电站位为一体的柔性交直流互联配电中心，实现了具备直流故障抑制能力混合式拓扑结构 MMC 换流器的工程应用。

（二）智能交直流配电网

为加强配电网中分布式电源、微电网、柔性负荷的调控能力，结合地区电网的现实状况，建设多源协同的主动配电网，包括多种分布式电源资源、智能微电网群及多个可调控的柔性负荷等。通过升级改造配电网，增加配电网可观可控性，提高配电网的能源优化配置能力和协同优化能力。

利用柔性直流等技术，建设 10kV 的交直流混联开关站，利用柔直环网装置，将本供电区间中心开关站的 3 段母线连接，一方面，实现 3 段母线间的潮流流动和负载均衡，提高配电网能量传输能力，提高分布式电源和负载的就地互补比率和设备利用率；另一方面，提供动态电压无功调节能力，在遇到设备过载或故障检修时，更加经济、安全地实现负荷转移，减少短时供电中断，提高供电可靠性和供电质量。同时，对开发区现有配电网网架和二次系统进行升级改造，将周边智能微电网群、光热电站和园区光伏接入主动配电网，对分布式能源、用户重要设备、网络等进行信息采集，预测用户用电行为、感知功率特性，辨识网络参数，实现主动配电网运行态势深度感知和可观可控。

参 考 文 献

[1] 肖峻，刚发运，蒋迅，等. 柔性配电网：定义，组网形态与运行方式 [J]. 电网技术，2017，41（5）：1435-1446.

[2] 郭奇卉. 柔性配电网安全运行框架设计与评价 [D]. 华北电力大学，2021.

[3] 李星辰，袁旭峰，李沛然，等. 基于改进 QPSO 算法的微电网多目标优化运行策略 [J]. 电力科学与工程，2020，36（12）：22-29.

［4］李婷. 含分布式电源的柔性配电网优化运行［D］. 华北电力大学，2021.

［5］孟明，魏怡，刘晗，等. 含三端柔性环网装置的交直流混合配电网分层控制策略研究［J］. 华北电力大学学报（自然科学版），2019，46（3）：9-16.

［6］简力，袁旭峰，熊炜，等. 计及 SOP 柔性互联配电网经济性重构优化研究［J］. 电力科学与工程，2020，36（12）：1-7.

［7］孟明，魏怡，刘晗，等. 含三端柔性环网装置的交直流混合配电网分层控制策略研究［J］. 华北电力大学学报（自然科学版），2019，46（3）：9-16.

［8］余磊，贾科，温志文，等. 计及量测数据丢失的主动配电网电流保护自适应整定方法［J］. 电力系统自动化，2022，46（15）：145-152.

［9］林文键，朱振山，温步瀛. 含电动汽车和智能软开关的配电网动态重构［J/OL］. 电力自动化设备，2022，网络首发.

［10］王肖肖，韩民晓，曹文远，等. 考虑不同接线方式的多电压等级直流配电网潮流计算方法［J］. 电网技术，2021，45（6）：2359-2369.

［11］陈飞，刘东，陈云辉. 主动配电网电压分层协调控制策略［J］. 电力系统自动化，2015，39（9）：61-67.

［12］班国邦，徐玉韬. 国内首个五端柔性直流配电示范工程进入试运行（之一）［J］. 电力大数据，2018.

［13］黄仁乐，程林，李洪涛. 交直流混合主动配电网关键技术研究［J］. 电力建设，2015，36（1）：46-51.

第十章　综合能源系统技术发展

第一节　综合能源系统概况

能源是人类生产生活、生存发展的基础，为保障能源安全、促进可再生能源消纳并进一步提高能源利用效率，推进生态环境保护，综合能源系统的概念应运而生。国内外关于综合能源系统的研究正处于起步阶段，具体的理论、方法和关键技术等均需深入研究。

一、综合能源系统的基本概念

综合能源系统是指在一定区域内，应用"云大物移智链"等现代信息技术，整合煤炭、石油、天然气、电能、热能等多种能源，统筹协调和优化各类能源的分配、转化、存储和消费等环节，形成协同管理、交互响应、互补互济的能源系统。综合能源系统打破了现有的供电、供气、制冷、供暖等各种能源供应系统独立规划、设计和运行的模式，能够有机协调各种能源的分配、转换、储存和消费，提升能源供应清洁化水平和能源利用效率。

综合能源系统作为能源互联网的物理载体，由能源转换环节、终端用能环节和功能网络构成。能源转换环节包含风电、光伏、CHP、燃料电池等能源生产与转换部分；终端用能环节包含居民用户、商业园区等用能单位；供能网络涵盖电力网络、热力网络、天然气网络等多种能源输送方式。综合能源系统结构示意图如图 10-1 所示。

广义的综合能源系统外延很广，涵盖的一次、二次能源包括煤炭、天然气、电能、热能、石油、氢能以及水等，并涉及多种能源系统的开发、存储、转换、运输、调度、控制、管理、使用等环节的有机耦合，是提高能源利用效率和促进可再生能源消纳的有效途径。相比于广义的综合能源系统，狭义的综合能源系统一般将研究主体明确为电力系统、天然气管网、热力管网，上述三种能源系统在能源产生、输送、分配、消费等环节耦合。

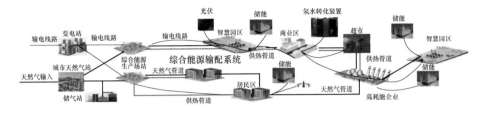

图 10-1　综合能源系统结构示意图

二、综合能源系统的分类及特点

综合能源系统架构具有高度的多样性，其分类方法多种多样。如美国学者建议将综合能源系统划分为建筑级、园区级和区域级综合能源系统三个层次，并建议开展由下而上的研究；部分学者借鉴电力系统源网荷储的划分原则，建议将综合能源系统划分为源侧综合能源系统、用户侧综合能源系统和能源传输网络三部分。

综合能源系统旨在通过多能互补和能源梯级利用等方式提高能效，保障能源安全。根据地理因素与能源传输范围，将综合能源系统分为跨区级、区域级和用户级。

跨区级综合能源系统考虑输电系统、天然气系统等能源系统的耦合作用，以输电网、天然气网为基础骨干，实现长距离能源传输，并利用信息物理耦合技术、柔性直流输电技术等关键技术和电力电子器件，综合考虑市场因素、运行因素、管理因素，实现各能源系统之间的互补耦合。

区域级综合能源系统由智能配电网络、天然气传输系统等多种供能网络耦合互补构成，采用多能互补、多样化储能技术以及主动配电系统等关键技术，实现多种能源之间的互补优化配置、传输分配和多种能源系统之间的耦合联通。区域级综合能源系统是综合能源系统在地理分布与功能实现等方面的具体体现，是综合能源系统的重点研究对象，主要包括供能网络、能源交换、能源存储、终端综合能源供应等关键环节。此处区域概念主要指城市或园区，区域综合能源系统示意图如图 10-2 所示。

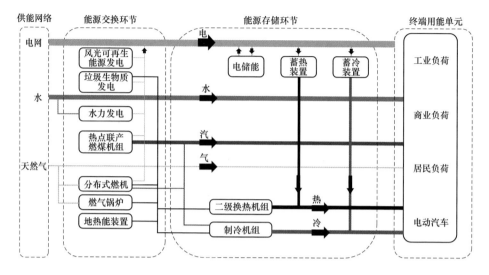

图 10-2　区域综合能源系统示意图

用户级能源网络连接终端用能部分，综合利用集中式和分布式供能系统，并与智能配用电系统耦合形成，采用综合需求响应、多样化负荷预测、电动汽车等关键技术，实现多种能源在互补转换及规模化存储环节的深度耦合。

三、综合能源系统的功能作用

（一）提升能源利用效率

高能效是综合能源系统的显著特征，也是综合能源系统持续发展的内生动力。综合能源系统通过能源梯级利用、多能互补、余热余压利用等方式，优化系统内部用能结构，提高能源利用效率。比如，在用户规划供能系统时，建设燃气内燃机组和余热利用设备，以及水蓄冷、水蓄热等调峰设备，系统运行时，夜间将分布式供能系统制取的冷水、热水存储到储水罐，白天向用户供冷、供热，调节能源消费波峰波谷，提高分布式供能系统运行小时数，进而提高绿色能源利用率；利用温度传感器、压力传感器和超声波流量计接收装置，对总管网水温、水压变化进行实时动态监测，并将实时数据传输到集中控制系统。基于实时监测数据，对综合能源系统的各种不同设备进行集中优化调度和协同运行控制，实现供能侧与需求侧的最优匹配，提高能源利用总体效率。

（二）促进可再生能源消纳

综合能源系统有助于可再生能源的规模化开发利用，提高一次能源利用效率。多数可再生能源（如风能、太阳能等）具有能流密度低、分散性和间歇性强等特点，难以实现大规模存储，需要依托输电网络实现远距离传输。冷热能作为低品位能源，具有远距离、大容量传输难和依赖就地消纳等特点。综合能源系统在规划、设计、建设及运行过程中，需要充分考虑可再生能源发电并网及其他能源协调运行的要求，通过能源梯级利用等方式，实现不同能源系统间的协调配合，提高能源利用效率，降低总体用能成本。如基于天然气或燃煤的 CCHP 系统，利用高品位能量发电、低品位能量供热/供冷，用能效率可提高到 80% 以上；采用"光电＋光热"的太阳能梯级利用模式后，太阳能利用率可提高到 52% 以上，远高于单纯的光伏发电和太阳能热利用技术；利用需求响应技术，可以实现电加热、储能、储热等设备协调运行，降低可再生能源发电波动的影响等。

（三）提高供能系统的安全性

综合能源系统有利于提高整个社会供能系统的安全性和自愈能力，有利于增强人类社会抵御自然灾害的能力。传统的社会供能系统，如供电、供气、供热、供冷等系统，往往单独规划、单独设计、独立运行，彼此缺乏协调，而电力系统是其他供能系统正常运行的前提，极端情况下供电系统的故障可能导致整个供能系统的连锁反应，影响社会安全性。例如，2008 年，我国南方发生低温雨雪冰冻灾害，起初的电力故障引发了交通、通信、金融、供水、燃气、环境等环节连锁反应，造成了巨大的社会经济损失。

综合能源系统为提升未来社会供能系统安全性和灵活性提供了一种解决方案。通过合理的规划和设计，将终端用能环节（或称微能网）与传统的社会供能系统协同配合，实现用户分层分区灵活供电供能。一方面，综合能源系统在极端事件发生并发生大规模停电事故时，可有效利用分布式资源，保证对关键用户供电并保障大电网快速恢复，同时减少对其他能源系统运行控制的影响，有效降低故障损失；另一方面，终端用能环节还可有效利用用户侧存储的天然气及冷热能源，通过多样化储能技术实现电能在终端用能单元的分布式存储，间接解决电能无法大容量存储这一难题，在提高电网运行安全性和灵活性的同时，有效增强社会供能系统的整体安全性和自愈能力。

（四）提高社会资金利用率

综合能源系统有利于提高社会供能系统基础设施利用率，有利于提高社会资金利用率。社会各供能系统，如供电、供气、供热、供冷等系统的负荷需求存在明显的大峰谷差和峰谷交错现象，但目前各供能系统均按照各自的高峰负荷设计，导致相关设备利用率低。如，根据美国统计结果显示，供电设备的平均负载率仅 43%，设备负载率在 75% 以上的时段不足 5%。设备利用率低下问题同样存在于供气、供热、供冷等其他供能系统。此外，大量效率低下的设备还增加了供能系统的运行维护费用，造成了社会资金和资源的进一步浪费。

综合能源系统可统筹考虑各供能环节在规划、设计和运行阶段的不同需求，有效缓解上述难题。如通过冷热电转换，将电力系统低谷时段过剩电能通过蓄冷/蓄热方式进行存储，并在负荷高峰期加以利用。通过冷热电系统之间能源互补耦合，提高冷热电供给设施的利用率；利用 P2G 技术，将过剩的可再生能源电力转换为氢气或甲烷，直接供混合电动汽车使用或注入燃气系统，既可以缓解可再生能源发电随机性带来的供用电压力，又可提高社会供能系统的灵活性，还可提高相关供能设备的利用效率。

第二节　综合能源系统关键技术

一、规划设计技术

综合能源系统具有高度非线性、不确定性等特点，复杂的系统特性给规划设计和运行管理带来极大挑战。目前，综合能源系统规划设计技术集中在建模和仿真求解两方面。综合能源系统的建模需要考虑多能流的耦合作用，在满足用户多样化供能需求的前提下，从电能、天然气、风能、太阳能等能源基础维度，季节更迭、地域差异、天气变化等影响因素维度、用能安全、经济效益、社会影响等成效指标维度，构建协调规划模型，实现多能源系统协同优化运行。

（一）多能流耦合建模

能流耦合是综合能源系统重要特征，电、气、冷、热等单一能源系统的建模方法相对成熟，但随着多能互补等方式的提出，多种能源系统在能源生产、输送、供给等环节的耦合程度不断加深，需要全面梳理各类能源设备的建模方法，构建统一的多能流计算模型，深入挖掘不同能源系统间的耦合、互补、协调机制。包括分析各能源元件的动态特性、详细刻画综合能源系统内部能量流的变化规律与交互特性、系统运行状态的分析和预测等工作。

能量枢纽模型通过描述能源生产和能源消耗环节的耦合矩阵，表示电、气、冷、热等多种形式能源之间的互补转化、存储输送等各种耦合关系，是对多种实际设备及其组合关系的抽象建模，是综合能源系统的通用模型。能量枢纽模型既可对现有的能源系统进行整体的抽象建模，也可建模为能源系统中的能量自治单元或能量节点，为能源系统的特性分析和运行规划提供模型基础。

　　以用户侧综合能源系统与配电系统规划为例：配电网侧接入光伏发电机组和电制冷装置，天然气管网末端接入热电联产机组（combined heat and power，CHP），在电、冷、热负荷需求确定的情况下，对该区域配电网进行统筹规划。规划模型为双层规划优化模型，综合能源系统内部根据区域内电冷热负荷需求情况进行运行优化，将优化结果（主要是用电调度计划）反馈给上级配电网，配电网结合综合能源系统优化调度结果，整体运行优化后确定常规机组组合。其综合能源系统及其连接的配电网的拓扑结构如图 10-3 所示。

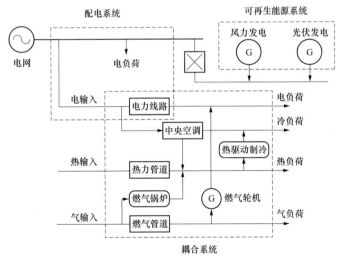

图 10-3 综合能源系统拓扑模型

（二）多能流系统规划求解

　　综合能源系统的规划需要从源—网—荷—储层面展开，与单一能源系统相比具有更强的不确定性与复杂性。综合能源系统规划模型的求解需要建立多能源系统的矩阵方程并构造雅克比矩阵，采用牛顿—拉夫逊算法进行联合求解。针对每个单一能源系统，依据模型进行独立求解；然后通过能源耦合元件对变量进行迭代更新与校验，直至控制误差在允许范围内。实际工程中，为提高多能流求解方法的收敛性，考虑综合能源系统在不同耦合方式及耦合程度下的运行控制模式，简化为各个能源子系统下的模型求解并利用相对成熟的算法独立计算，进一步提高求解效率。

目前以 PSCAD、PSASP 等为代表的典型电力系统仿真分析软件和 Ansys、Thermoflo 等热力系统仿真软件等应用较多，但综合能源系统规划仿真软件仍有待进一步研究。

二、运行控制技术

综合能源系统的运行控制通过微电网自治控制、柔性负荷需求响应和可再生能源梯级利用等策略，结合设定的优化策略，实现主动配电网的协调优化和能量跨区平衡运行。综合能源系统的运行控制旨在充分挖掘各环节的可调度潜力，提高能源综合利用率。随着能源耦合形式多样性、复杂性的提升，多能流系统优化调度的难度逐步增加。而可再生能源大规模并网以及多样化负荷需求的出现，使得综合能源系统负荷侧的随机性进一步增加，对综合能源系统的优化运行提出了更高要求。

（一）多能协调优化运行

根据综合能源系统不同层级的运行要求，将多源协同优化调控划分为分层控制、就地控制和全局控制三种模式。

就地控制指面对时效性要求较高的局部事件，综合能源系统通过小范围的自我动态调整，优化控制运行策略，避免局部波动对网络运行的冲击；分层控制指依靠就地控制的自治模型，在台区、馈线、变电站等不同层级，通过分布式的分层协同策略，实现跨区优化调度、区域能源互补平衡等多种目标；全局控制即设立控制中心，依托分层控制和就地控制，从全局角度对网络安全运行进行统一的调度控制，解决系统级的安全运行调度问题。

（二）多能协调优化求解

针对源荷两侧的随机性问题，传统模型多采用鲁棒优化与随机优化两类求解方法，但鲁棒优化存在考虑运行场景较为极端、优化结果较为保守的局限性；随机优化方法存在随机抽样生成的运行场景样本规模较大、模型求解困难等问题；同时，单一时间尺度的特定运行场景优化方案难以满足综合能源系统实时调度的动态需求，有必要考虑多时间尺度下的多场景优化问题。

在综合能源系统中，结合多能耦合互补特性，衍生出区间优化、滚动优化、分布式优化等多种求解方法。区间优化即采用聚类方法对历史数据进行分析，利用上下界区间描述负荷的不确定性，将鲁棒优化模型转换为混合整数凸优化问题进行求解；滚动优化即考虑多时间尺度调度的配合，基于冷、热、电负荷及可再生能源的实时特性，在滚动优化过程中引入动态调整模型，实时调节调度策略；分布式优化即面向具有多个平级运营商的多能源系统，采用分布式算法实现各系统间的协同运行，提升调度的自治性和灵活性。

三、信息安全技术

传统的能源体系多通过专门化硬件实现物理隔离，减少能源系统与外界信息交换；采用独立的系统和专用控制协议，提供安全屏障。相比于传统能源系统，综合能源系统更加强调能源之间的互联互通性，需要原本相对封闭独立的能源系统更多地接入互联网等公共网络，给信息安全带来重大挑战。

不同层级的综合能源系统存在多样化的运行控制要求，面临的潜在信息安全隐患不同。为有效预防信息安全隐患带来的故障隐患，有必要建立综合能源系统信息安全防护模型，明确模型中各模块针对不同层级的具体安全防护内容，对各层级各能源系统实施差异化防护，保障整体系统安全稳定地运行。

信息安全技术包括安全评价、安全管理、应急保障等方面。其中，安全评价面向能源系统中不同层级间所面临的潜在信息安全威胁，对信息安全防护整体状态和安全风险进行评价，挖掘能源系统中信息流交互的薄弱环节，便于针对性制定提升措施。安全管理通过制定规章制度等措施，确保各环节联系紧密、衔接流畅，各部门合理有效分工，杜绝工作内容过度交叉，根除管理盲区，减少因操作不规范造成信息安全事故的发生。应急保障包括安全状态监测和应急预案及演练两个模块，定期监测能源系统安全运行状态，主动推演可能发生的安全事件，并针对不同破坏程度进行等级划分、制定应急预案，建立应急防护机制，将安全事件所导致的破坏效应降到最小。

四、商业运营技术

传统的能源系统由供电企业、燃气公司、热力公司等不同能源主体各自独立规划、独立建设、运行和管理，完成某一种能源生产、传输到销售的所有过程，能源市场相对独立且封闭。而综合能源系统的参与主体主要包括综合能量管理中心、综合能源服务商、各类用户、电动汽车、新能源系统、储能设备等。各类主体在互动框架中扮演着不同的角色，构成了新型能源市场。我国综合能源系统的商业运行还处于试点阶段。

（一）重资产投资模式

现有示范项目中通常配置了风光储/光储充、各种热泵、蓄冷装置等构成的供能系统，以及综合能源管控平台等监测和控制系统。各示范项目旨在试验新业态，为抢占领域先机积攒经验。但客户的用能类别、业态布局不同，上述示范项目对用户需求把握有待进一步深入；传统供能边界一般停留在红线端，尚未打通"最后一公里"，用户侧综合能源服务尚未形成成熟的商业模式。

目前重资产投资模式多集中在传统的供热制冷、新能源开发等领域和部分新兴业务的细分领域。如在供热/制冷领域，过渡为电热泵制冷/热、谷电蓄冷/热等。

（二）平台业务模式

综合能源服务种类繁杂、业务繁多，能够适配多样化、定制化的用户需求，部分中小企业正在开展轻资产发展模式，一是围绕自身原有业务领域销售设备或开展EPC总承包；二是依托技术承接平台建设，开展节能、运维等门槛相对低、盈利性好、易操作的业务，如能源监测、控制、优化、预测、运维等基本功能。这种轻资产发展模式更容易响应客户需求，满足客户差异化要求，更好提升终端用户用能体验，但受限于运营压力，目前行业多专注于平台构建等短期利益最大化的发展与运营方式，导致中小企业平台业务方面质量和服务效果参差不齐。

综上所述，综合能源系统的商业运营模式及关键技术发展需要整合能源交易市场，兼顾综合能源服务商、各类用户、电热气网运营公司等各个主体的利益，建立收益分摊机制，满足各个主体的利益诉求，增强多能互补协调的经济驱动力。

第三节　国内外发展情况

一、国外综合能源系统发展情况

（一）欧洲

欧洲是最早提出综合能源系统概念并最早付诸实践的地区之一，发展最为迅速。1998 年，欧盟提出的第五个研究和技术发展框架协议中，将能源协同优化研究列为重点课题。如 DGTREN 项目将可再生能源综合开发与交通运输清洁化统筹协调考虑；ENERGIE 项目寻求多种能源（传统能源和可再生能源）协同优化和互补，替代或减少未来核能的使用；Microgrid 项目侧重研究用户侧综合能源系统，实现用户侧可再生能源的友好开发。在后续第六（FP6）和第七（FP7）框架协议中，能源协同优化和综合能源系统的相关研究被进一步深化，并相继实施了一大批具有国际影响的重要项目。

在欧盟统一框架协议之外，欧洲各国根据自身需求开展了大量深化研究。目前，欧洲已经涌现出上千家能源服务公司，能源系统间的耦合和互动急剧增强。其中，英国和德国较为典型。

1．英国

英国企业注重能源系统间能量流的集成。英国作为一个岛国，和欧洲大陆的电力和燃气网络通过相对小容量的高压直流线路和燃气管道相连，长期以来一直致力于建立一个安全和可持续发展的能源系统。在此背景下，国家层面的集成电力燃气系统、社区层面的分布式综合能源系统得到较多研究支持。例如英国的能源与气候变化部 DECC 和英国的创新代理机构 Innovate UK（以前称为 TSB）与企业合作资助了大量区域综合能源系统的研究和应用工作。HDEF 项目关注集中式能源系统和分布式能源系统的协同等。

2．德国

德国企业更侧重于能源系统和通信信息系统间的集成，其标志性项目的E-Energy。2008 年，德国选择了 6 个试点地区，开展为期 4 年的 E-Energy 技术创新促进计划，包括智能发电、智能电网、智能消费和智能储能 4 个方面。项目旨在推动地区积极参与建立以新型信息通信设施为基础的高效能源系统，以先进的调控手段，应对日益增多的分布式电源与各种复杂的用户终端负荷，E-Energy 项目使最大负荷和用电量减少了 10%～20%。此外，在 E-Energy 项目后，德国政府还推进了 IRENE、Peer Energy Cloud、ZESMIT 和 Future Energy Grid 等项目。

（二）日本

日本的能源严重依赖进口，是最早开展综合能源系统研究的亚洲国家。2009 年，日本政府公布了其 2020、2030、2050 年温室气体的减排目标，并认为构建覆盖全国的综合能源系统、优化能源结构、提升能效、促进可再生能源规模化开发等举措，是实现这一目标的必由之路。

在日本政府的大力推动下，日本能源研究机构开展了相关研究，并形成了不同方案。如由 NEDO 主要致力于智能社区技术的研究与示范，是在社区综合能源系统（包括电力、燃气、热力、可再生等）基础上，实现与交通、供水、信息和医疗系统的一体化集成；东京燃气公司提出从天然气供应商向提供气、电、冷、热多种能源的综合能源服务商转变。部分公司提出在传统电力、燃气、热力等综合供能系统基础上，建设覆盖全社会的氢能供应网络，并利用不同的能源使用设备、能源转换和存储单元，构建终端综合能源系统。

二、国内综合能源系统发展情况

在综合能源蓬勃发展的趋势下，我国发改委、能源局等部委发布了多项与能源系统相关的政策，并启动了大批综合能源示范项目。2016 年，《关于推进多能互补集成优化示范工程建设的实施意见》（发改能源〔2016〕1430 号）强调了创新管理体制和商业模式；2017 年，首批多能互补集成优化示范工程实施，共安排终端一体化集成供能系统、风光水火储多能互补系统等多个示范项目；2021 年，《关于推进电力源网荷储一体化和多能互补发展的指导意见》（发改能源规〔2021〕280 号），明确指出源网荷储一体化和多能互补是实现电力系统高质量发展、促进能源行业转型和社会经济发展的重要举措。

目前国内综合能源系统的发展路径可分为两类：一类是产业链延伸模式，如新奥、协鑫和华电的发展模式：新奥是以燃气为主导，同时往燃气的深度加工——发电、冷热供应方向发展；协鑫以光伏、热电联产为主导，同时往天然气、综合能源布局；另一类是售电＋综合服务模式，将节能服务或能效服务等增值业务整合在一起的能源服务，产业基础要求相对较低。

参 考 文 献

[1] 贾宏杰，穆云飞，余晓丹. 对我国综合能源系统发展的思考 [J]. 电力建设，2015，36（1）：16-25.

[2] 吴建中. 欧洲综合能源系统发展的驱动与现状 [J]. 电力系统自动化，2016，40（5）：1-7.

[3] 李更丰，黄玉雄，别朝红，等. 综合能源系统运行可靠性评估综述及展望 [J]. 电力自动化设备，2019，39（8）：12-21.

[4] 李更丰，别朝红，王睿豪，等. 综合能源系统可靠性评估的研究现状及展望 [J]. 高电压技术，2017，43（1）：114-121.

[5] 郑毅. 综合能源协同优化的配电网规划措施分析 [J]. 技术与市场，2019，26（4）：134-135.

[6] 潘益，王明深，叶昱媛，等. 一种计及能量枢纽不同运行模式的综合能源系统混合能量流求解方法 [J]. 现代电力，2021，38（3）：277-287.

[7] 王毅，张宁，康重庆. 能源互联网中能量枢纽的优化规划与运行研究综述及展望 [J]. 中国电机工程学报，2015，35（22）：5669-5681.

[8] 别朝红，林雁翎. "微电网规划与设计" 国际标准研究 [J]. 标准科学，2017（12）：172-177.

[9] 赵驰，李宏博，傅泽伟. 考虑分布式电源不确定性的配电网安全校核方法 [J]. 电力系统及其自动化学报，2016，28（S1）：51-55.

[10] 贾宏杰，王丹，徐宪东，等. 区域综合能源系统若干问题研究 [J]. 电力系统自动化，2015，39（7）：198-207.

[11] 马恒瑞，王波，高文忠，等. 考虑调频补偿效果的区域综合能源系统调频服务优化策略 [J]. 电力系统自动化，2018，42（13）：127-135.

[12] 孙宏斌，潘昭光，郭庆来. 多能流能量管理研究：挑战与展望 [J]. 电力系统自动化，2016，40（15）：1-8，16.

[13] 贾宏杰，穆云飞，余晓丹. 对我国综合能源系统发展的思考 [J]. 电力建设，2015，36（1）：16-25.

[14] 艾芊，郝然. 多能互补、集成优化能源系统关键技术及挑战 [J]. 电力系统自动化，2018，42（4）：2-10＋46.

[15] 邓建玲. 能源互联网的概念及发展模式 [J]. 电力自动化设备，2016，36（3）：1-5.

[16] 董朝阳，赵俊华，文福拴，等. 从智能电网到能源互联网：基本概念与研究框架 [J]. 电力系统自动化，2014，38（15）：1-11.

[17] 王璟，王利利，林济铿，等. 能源互联网结构形态及技术支撑体系研究 [J]. 电力自动化设备，2017，37（4）：1-10.

[18] 孙宏斌，郭庆来，潘昭光. 能源互联网：理念、架构与前沿展望 [J]. 电力系统自动化，2015，39（19）：1-8.

第十一章　能源互联网技术发展

随着社会技术的进步，信息通信技术、互联网技术逐步与能源系统融合，并演化出一系列新的技术。能源互联网是互联网理念、技术与能源系统融合的产物，侧重利用互联网思维和技术，改造现有能源行业，形成新的商业模式和新业态。目前能源互联网技术正处于起步研究阶段，本章对能源互联网技术概况、能源互联网关键技术、国内外实例研究做了简单介绍。

第一节　能源互联网技术概况

一、能源互联网概念

能源互联网是互联网理念、技术与能源系统融合的产物，尚未形成统一的概念认识，其内涵仍有待进一步挖掘。2016 年，《关于推进"互联网＋"智慧能源发展的指导意见》（发改能源〔2016〕392 号）指出能源互联网是一种互联网与能源生产、传输、存储、消费以及能源市场深度融合的能源产业发展新形态，具有设备智能、多能协同、信息对称、供需分散、系统扁平、交易开放等主要特征。目前，国内外不同组织提出的概念和名称各有侧重，大致分为三类：

（1）电网公司提出建设以电为中心的能源互联网，以坚强智能电网为基础平台，深度融合先进信息通信技术、控制技术与先进能源技术，支撑能源电力清洁低碳转型、能源综合利用效率优化和多元主体灵活便捷接入，具有清洁低碳、安全可靠、泛在互联、高效互动、智能开放等特征的智慧能源系统。侧重于以电网中心，发挥资源的优化配置作用。

（2）部分专家学者提出能源互联网是在传统能源网基础上引入互联网理

念，以能源市场化、高效化、绿色化为发展目标，具有开放、互联、以用户为中心、分布式、对等、共享等内涵，支撑高渗透率可再生能源的接入和消纳，支撑电力设备智能化、能量自由传输和用户广泛接入的自由多边互联网架构、集中和分布相结合的自组织网络架构，支撑多类型能源的开放互联，提高能源综合利用效率，支撑能源运行、维护、交易、金融等大数据分析以及众筹众创的能源互联网市场和金融等工作。侧重于多种能源耦合，提高能源利用效率和可再生能源消纳水平。

（3）部分学者提出采用互联网理念构建新型信息能源融合网络，以大电网为主干网，以分布式能源及微电网等单元为局域网，以能源路由器为智能控制单元，采用开放对等的信息能源一体化框架，利用电力电子、信息通信和互联网等技术，实现能源的双向按需传输和动态平衡利用。侧重于能源信息深度融合以及能源大数据的优化分析和管理应用。

能源互联网示意图如图 11-1 所示。

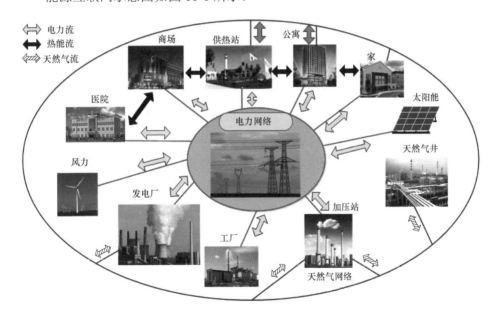

图 11-1　能源互联网示意图

二、能源互联网市场主体

能源互联网是包含电、气、热等多类型能源的复杂耦合系统，数量众多、种类丰富的元件导致了多元化的市场主体。按照能源的生产环节（源）、能源的传输环节（网）、能源的消费环节（荷）、能源的存储环节（储）进行划分，能源互联网各环节的市场主体包括能源供应商、能源传输商及能源用户，如表 11-1 所示。同时，为保证能源交易的正常有序进行，市场主体中还应包含能源零售商和市场管理者等。

表 11-1　　　　　　　　能源互联网各环节包含的元件与市场主体

结构划分	元件	市场主体
生产环节（源）	多能源生产设备（火电、核电、水电、风电、光伏、天然气气井等）	集中式和分布式能源供应商
	多能源转换设备（热电联产机组、燃气轮机、电锅炉、电制气设备等）	
传输环节（网）	电力网络（长距离输电网、短距离配电网）	能源传输商
	天然气网络（长距离输气网、短距离配气网）	
	热力网络（短距离供热网）	
消费环节（荷）	工业用户、商业用户、居民用户	能源用户
存储环节（储）	多能源储存设备（抽水蓄能、蓄电池、压缩空气储能、储气罐、储热罐等）	各环节用户

参考电力发—输—变—配—用的体系结构，能源互联网可分为"供—输—售—用—管 5 部分：

（1）"供"指能源供应商，主要生产或提供电、气、热等能源商品，有集中式和分布式两种类型，包括供电商、供气商、供热商以及提供多能源的综合供应商等。

（2）"输"指能源传输商，为各类能源商品的流通提供强有力的物质基础，包括输配电网运营商、天然气管道运营商以及供热网络运营商等。

（3）"售"指能源零售商和能源服务商，能源零售商主要从批发市场购买能源商品并销售给终端用户，包括电、气、热等单一零售商以及综合能源零售商等，能源服务商用于管理和经营各类分布式能源或为用户提供各种增值服务，包括能源微电网运营商、储能等灵活性资源运营商以及能源咨询、管理、信息服务公司等。

（4）"用"指各类用户，在能源互联网模式下，用户不再是单纯的能源消费者，通过积极参与需求侧管理，也可以生产和出售能源，形成了新的"产消型能源用户"。如带有自备热电厂的工业用户可以将多余的发电量和热量卖给其他用户；拥有屋顶光伏的居民用户可以在用电高峰时期为其他用户提供电能，缓解用电压力。

（5）"管"指各级市场监管机构和调度机构等，为实现能源供需的实时平衡、保证能源供应质量，需要成立多类型能源交易中心，建立市场监管部门和多级能源调度机构，制定和规范市场行为活动，促进能源市场的健康有序发展。

三、能源互联网类型

按照覆盖范围的差异，能源互联网可划分为跨国或跨洲大型能源基地之间的广域能源互联网、国家级骨干能源互联网、智慧城市能源互联网、社区能源互联网等。

广域能源互联网实现跨国、跨洲大型能源基地之间可再生能源的生产、传输及交易，以输送大规模可再生能源为主要目标。广域能源互联网具有广域资源配置能力和需求调节能力，是实现高渗透率可持续能源供应的重要手段之一。世界多国提出了跨国广域能源互联网的构想。欧洲在"SuperGrid 2050"计划中提出，将北海超级电网与德国大型太阳能项目"沙漠科技"组成有机整体，形成跨越欧洲、中东、北非的跨洲超级电网，利用空间扩张，平滑和减小可再生能源发电的波动，提高可再生能源的信用度和经济性。该项目覆盖 50 个国家、11 亿用户，可以平衡整个欧洲大陆的电力需求，并及时把所产生的能源以电力形式传输到邻近国家。

国家骨干能源互联网是实现我国可再生能源生产、传输、配送、消纳的核心网络，是能源互联网的基石。国家骨干能源互联网由大容量输配电系统、通信网络、配用电侧各种发用电资源组成，满足高渗透率可再生电源并网需求。

智慧城市能源互联网通过利用各种信息化技术手段，提升传统电网基础设施，构建适应竞争性市场的能源互联网开放平台，消纳大规模清洁能源，支持能源提供者、网络及服务运营商、用户等主体平等交易。从技术角度看，智慧城市能源互联网当前着力实现电力网＋电气化交通网＋信息通信网等三网融合，未来实现电力网＋电气化交通网＋氢能源网＋信息通信网等融合，消纳高渗透率可再生能源，为电气化交通网络提供清洁能源，提升能源供应清洁化、能源消费电气化水平。

社区能源互联网是由供电电源、分布式能源、储能元件、负荷等构成的微能源网，是能源互联网的重要组成部分，具有高效、安全、可控的特点。通过应用先进工业级电力电子技术，研发高效率能源路由器，灵活接入各种交直流电源或负载，广泛应用热电冷联产、蓄冰蓄冷、分散储能等元件，积极参与需求响应等，提高能源利用效率。社区能源互联网包括工厂、大型楼宇、城市和农村集中居住区微能源网，由电力网、电气化交通网、天然气网、信息通信网等紧密耦合构成，电力网作为各种能源相互转化的枢纽，是能源互联网的基础支撑。

四、能源互联网功能作用及特征

能源互联网能够有效推动电力、冷、热、气等不同形式的能源互联互动，提高能源配置能力和综合利用效率，降低全社会用能成本。能源互联网代表电网发展的更高阶段，是支撑能源电力清洁低碳转型和多元主体灵活便捷接入的智慧能源系统。能源互联网具备灵敏感知、智慧决策、精准控制等能力，具有结构坚强、安全可靠，安全态势感知能力、预防抵御事故风险能力和自愈能力强等特点，实现各类能源设施"即插即用"、各类能源平等交易与共享，服务用户多元需求，推动形成开放市场机制，打造共赢生态圈。

作为能源互联网的核心和纽带，电力系统的源—网—荷—储互动运行模式能更广泛地应用于整个能源行业，通过源源互补、源网协调、网荷互动、网储互动和源荷互动等多种交互形式，更经济、高效和安全地促进能源系统的资源优化配置。其主要内涵包括以下几方面。

（1）源源互补。通过灵活发电资源与清洁能源之间的协调互补，降低清洁能源发电出力的随机性、波动性，提高可再生能源的消纳能力。

（2）源网协调。在现有电源、电网协同运行的基础上，通过新的调节技术，让新能源和常规电源一起参与电网调节，解决新能源大规模并网及分布式电源接入电网时的"不友好"问题。

（3）网荷互动。在与用户签订协议、采取激励措施的基础上，将传统负荷转化为电网的可调节资源（柔性负荷），在电网出现或即将出现问题时，通过负荷主动调节和响应改变能量分布，确保系统安全经济可靠运行。

（4）网储互动。充分发挥储能装置的双向调节作用，在用电低谷时作为负荷充电，在用电高峰时作为电源释放电能。利用储能快速、稳定、精准的充放电调节特性，为电网提供调峰、调频、备用、需求响应等多种服务。

（5）源荷互动。引导用户改变用电习惯和用电行为，利用负荷的柔性变化平衡新能源出力波动性，通过电源侧和负荷侧协调控制，提高新能源消纳能力。

五、能源互联网概念辨析

智能电网是信息通信技术与电网融合的产物，而能源互联网是互联网理念与能源系统融合的产物。相比于智能电网，能源互联网更加开放、更多互联，表现在：关注对象由单一的电力系统转向供电、供热、供冷、供气、电气化交通等综合能源系统，实现多种能源系统的开放互联；融合技术由信息通信技术转向互联网技术，利用互联网思维和技术，改造现有能源行业，形成新的商业模式和新业态。

综合能源系统和能源互联网均追求可再生能源的规模化利用和能源利用效率的提升，但两者侧重点不同。综合能源系统主要着眼于解决能源系统自身面临的问题和发展需求，更强调不同能源间的协同优化，不过分倚重网络互联和信息通信技术；而能源互联网是互联网理念向能源系统渗透或对能源系统再造的产物，更强调能源网络的互联，追求的目标包含了对等开放、即插即用、广泛分布、双向传输、高度智能、实时响应等互联网的诸多特征，更强调能源系统与信息通信技术的深度融合。

第二节　能源互联网关键技术

一、规划设计技术

能源互联网规划主要包括供需预测、能量平衡计算、技术经济评估等关键环节，是典型的复杂系统优化规划问题。

（一）供需预测

能源的供需预测是能源互联网规划设计的基础，包括电、热、冷、气等能源需求量和供给量预测，以及区域内煤炭、石油、天然气、水能、太阳能、风能、核能、地热能、沼气、潮汐等各类能源发展预测。通过分析用户用能方式变化和负荷特性变化，研究不同能源间的耦合关系和相互影响，并分析电动汽车、储能、煤改气（电）等新型能源要素对能源需求的影响。

能源互联网规划常用的预测方法有弹性系数法、单耗法、负荷密度法、趋势外推法、部门分析法、人均需求量法、回归分析法、时间序列法、灰色模型法、神经网络法等。

（二）能量平衡计算

综合规划水平年内各类能源设施容量和规模，统筹分析能量总量平衡和能量动态平衡。其中，能量总量平衡侧重于可再生能源和非再生能源之间开发利用全周期的优化协调；能量动态平衡侧重于电、热、冷、气等能源系统短周期的优化协调。

（三）技术经济评估

规划方案的评估应从技术成效、经济效益和社会效益等多个维度开展，综合分析规划方案的技术经济可行性和社会效益提升情况等，为规划方案优选和投资决策提供依据。

其中技术成效包含能源互联网的能量流分布情况、供能安全水平、运行稳定性、供能可靠性和能源利用效率等。能量流分布情况涵盖规划水平年的典型运行方式和拓扑结构，以及电力潮流、燃气流量、热水流量、蒸汽流量、水流等能量分布情况。供能安全水平校核指各能源子系统和能源互联网整体在故障情况下是否满足相关安全标准。供能可靠性计算应确定当前和规划期内能源互联网的供能可靠性指标，分析影响供能可靠性的薄弱环节，并提出改善供能可靠性指标的措施。计算指标主要包括供电可靠性、供气可靠性、供热/冷可靠性、供水可靠性等指标。能源利用效率计算应分析规划期内能源互联网的综合能源利用效率、能耗强度、可再生能源占区域总共能量比例等能源利用效率指标。

经济效益评估包括能源互联网的单位供能成本、单位投资增供能量、单位投资减少停供时间、资产负债率、投资回收期、财务内部收益率等指标。

社会效益评估考虑节能和环保，包括二氧化碳排放量降低率、主要污染物排放总量降低率、可再生能源利用率、能源利用效率和节能率等指标。

二、市场交易技术

（一）交易方式

市场交易有双边交易和集中交易两种模式，能源互联网市场交易方式以双边交易为主，并设置必要的集中交易环节。该交易方式适用于电、气、热等不同类型能源的单独交易以及组合交易。

双边交易是指交易双方自主协商签订合同，约定在未来的某一确定时间、按照事先商定的价格、以预先确定的方式买卖一定数量的某种标的物。双边交易合同的要素包括交易标的（例如电/气/热等能量、辅助服务、增值服务或金融商品）、交易数量、交割时间、交割价格以及交割方式（例如物理或金融合同）等。双边交易是能源互联网市场的基本交易方式，普遍适用于非实时的短期市场以及中长期市场。

由于能源互联网负荷预测的不准确性、设备故障停运的随机性以及网络传输容量的有限性等因素，双边合同规定的交易量与实际需求量间往往存在不平衡。为保证能源供需的实时平衡，在短期市场尤其是实时市场仍须设置集中交易环节。集中交易是指市场参与者根据报价规则向交易中心等市场组织者报价，市场组织者按照竞价规则统一进行市场出清，并确定每个市场参与者的中标量和中标价格。集中交易的关键在于制定合理的报价规则和竞价规则。考虑到天然气、热力具有较大惯性，能源互联网实时市场中不同类型能源的出清周期略有差异，如天然气、热力的集中交易可以每 1h 进行一次出清，电力集中交易可以每 5min 滚动出清一次。

（二）运行机制

能源互联网市场的运行机制是能源互联网市场实现资源优化配置的根本保证，由价格、供求、竞争、结算和激励等机制构成。其中，价格机制处于核心地位。

1. 价格机制

价格机制是实现市场调节作用的集中体现，与交易方式和能源类型有关。对于双边交易，主要为交易双方协商定价；对于集中交易，可根据能源类型选择撮合价格、系统边际价格、分区边际价格及节点边际价格等不同的定价机制。

目前，在电力市场中普遍认为节点边际电价机制在价格引导和阻塞管理等方面具有优越性，该定价方法在瑞典、芬兰等自由度较高的区域热力市场有所应用。但考虑到能源互联网市场的网络经济属性，考虑辅助服务及输配费用的定价机制也必不可少。国际上现行输配电价以"成本＋收益"的定价方法为主。天然气管输价格主要采用服务成本定价法、价格帽定价法等。

2. 供求机制

能源互联网中随着大量分布式设备的接入以及产消型用户的出现，形成了多能互补的系统，增加了需求侧的灵活性。用户可以根据市场价格改变用能类型和用能时间，积极参与需求侧响应，增强能源需求弹性，促进市场供求平衡。

3. 竞争机制

竞争机制是能源互联网市场优胜劣汰的手段并产生较大的社会价值。能源零售商为提高自身竞争力，需要增强用户的能源选择权，例如提供电、气、热等能源的不同组合产品，并开展个性化的增值服务，增强用户黏性。例如美国各区域性电力市场通过引入电力零售服务竞争机制，有效降低零售价格，为用户降低用电成本。能源互联网环境下，大数据处理、分析和挖掘能力将成为市场主体的核心竞争力之一。

4. 结算机制

能源商品的交易达成时间与实际交割时间不同，并且大规模分布式交易的出现，导致能量的双向传输，需要建立合理的结算机制，维护市场相关主体利益并规范市场交易行为。如美国 PJM 电力市场通过建立日前市场和实时市场的双结算机制，规范结算工作、提高结算效率并降低结算风险，对能源互联网结算工作具有一定的参考价值。

5. 激励机制

为调动市场积极性，促进全社会节能减排，需要制定相应的激励机制。如合理的用户侧补贴政策，可以激励用户主动安装分布式新能源、使用电动汽车或中央空调参与需求侧管理；美国、挪威、瑞典等国家采用可再生能源配额制与绿色证书交易相结合的方式，保证可再生能源发电的市场份额。此外，政府和市场监管部门还需制定相应的制度政策，明确主体义务、规范交易行为。如制定能源供给及消费偏差考核制度，加强市场交易的专业性；规定能源传输商必须提供同等质量、公平开放的输配服务，杜绝不正当竞争；设置市场报价上下限，防止新能源厂商因边际成本低而恶意报低价等。

第三节 国内外实例研究

一、国外能源互联网实例研究

（一）美国

在管理机制上，美国能源部作为各类能源资源最高主管部门，负责相关能源政策的制定，而美国能源监管机构则主要负责政府能源政策的落实，抑制能源价格的无序波动。在此管理机制下，美国各类能源系统间实现了较好的协调配合，同时美国的综合能源供应商得到了较好发展，如美国太平洋煤气电力公司、爱迪生电力公司等均属于典型的综合能源供应商。

在技术上，美国非常注重与综合能源相关理论技术的研发。美国能源部在2001 年即提出了综合能源系统（integrated energy system，IES）发展计划，目标是提高清洁能源供应与利用比重，进一步提高社会供能系统的可靠性和经济性，重点是促进 DER 和 CCHP 技术的进步和推广应用。

2007 年 12 月美国颁布能源独立和安全法，明确要求社会主要供用能环节必须开展综合能源规划（integrated resource planning，IRP），将智能电网列入美国国家战略，以期在电网基础上，构建一个高效能、低投资、安全可靠、灵活应变的综合能源系统，保证美国在未来引领世界能源领域的技术创新与革命。在需求侧管理技术上，美国包括加州、纽约州在内的许多地区在新一轮电力改革中，明确把需求侧管理、提高电力系统灵活性作为重要方向。

2011 年，美国 LoCal 项目搭建未来能源系统框架体系，强调利用先进的电力电子技术，信息技术和智能管理技术，将大量分布式能源、蓄电装置和多种负载构成新型网络节点。

（二）新加坡

滨海湾位于新加坡中部地区，地处商业地段，建筑密集且制冷负荷需求量大，约 70%的商用建筑用电量与制冷空调有关。新加强建设了区域供冷系统，解决大规模建筑内部供冷难题。即在一个建筑群设置集中的制冷厂制备空调冷冻水，再通过循环水管道系统，向各座建筑提供空调冷量，主要包括冷却厂和地下管网两个重要组成部分。目前，新加坡电力分公司运行的区域冷却系统包括五个冷却厂，每个冷却厂可以给 12000 个公寓供冷（约 12500km² 的总建筑面积）；供冷管网通过"公共服务隧道网络"工程建设，将电力、电信电缆和水管连接到滨海湾建筑物的地下管道系统，确保将冷水送达到指定用户。

此外，除新加坡滨海湾创新建筑设计，在建筑内部采用新的节能技术，如节能灯泡、可再生能源驱动的电梯、照明供暖供水智能控制系统等，进一步降低大规模建筑的冷负荷需求。

二、国内能源互联网实例研究

（一）东部某度假区

东部某度假区是首个采用分布式能源技术的度假园区，度假区能源架构如图 11-2 所示，建有燃气内燃机机组及配套制冷、制热和压缩设备及系统，集燃气分布式多联供、分布式光伏、风光互补、储能、余热循环利用、热泵等多种技术于一体，满足园区冷、热、压缩空气、电等多种能源供应需求。其中，冷热电三联供的分布式能源站，具有天然气发电和余热蒸汽回收利用功能。天然气燃烧发电后将废热分三部分，第一部分转化为蒸汽，为园区中的娱乐设施提供动力支持；第二部分用于水加热，为厨房和酒店等提供热能；第三部分废热为化学反应制冷提供反应条件，实现制冷。

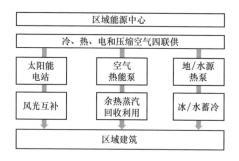

图 11-2　度假区能源架构

相比于传统模式，分布式能源站采用了能源梯度利用模式，高热量能源转化为电力、中端能源转化为冷气和热水、其余能源转化为压缩空气，有效降低能源损耗，提升资源利用效率。同时，采用了冷热调峰设备，满足用户侧不同时段的能源需求，并通过多类型储能技术，提高系统能源利用效率。此外，能源站集中控制系统与用户侧能源管理系统有效集成，保证站内各系统处于高效运行状态，并在区域电网发生故障时，通过黑启动功能，为区域能源网络提供支撑。

（二）某城市综合能源示范项目

某城市智能电网示范工程建成了分布式能源发电、储能、需求侧负荷响应等基础设施，在能源侧具有规模化接入的光伏、风力发电、三联供机组等分布式电源，电网侧具有低压光储互补微电网、支线微电网等微电网工程，用能侧包括地源热泵、水蓄冷、冰蓄冷等冷热电分散用能设备以及充电站/桩等电动汽车充电网络，形成了广泛感知网络和公共服务的基础支撑平台。

该示范项目建设了多能源综合协调控制系统，包括配电网运行状态辨识、配电网态势感知、多级能源协调优化控制和能源协调优化策略评估等，以微电网的形式实现了冷/热/电高效利用，具有了综合能源和能源互联网的雏形。

（三）西部某高校能源互联网创新实验平台

该能源互联网创新平台在园区内灵活接入光伏、风电等各类分布式电源及V2G充电桩，通过园区配电物联网、多能感知、智能变电站、智能楼宇等实现数据全面感知和融合连接，用户侧学生宿舍智慧家居、直流家电等提供智能供电服务。项目建设智慧能源管控中心，通过综合功率预测、协调优化控制功能，实现园区内多能互补和最优用能用电模式选择；同时，项目可采用虚拟电厂模式运行，与省级调度直接通信并参与能源交易。

平台聚焦友好互动用电、设备状态智能感知、新能源电力系统、综合能源系统四大领域。友好互动用电领域围绕用电行为感知、商业模式创新、友好用电体验等未来用电领域热点，建设智慧舒适建筑、电力负荷模式识别、智慧电器、无线电力传输、有序充电、新型电力商业模式推演等实验平台及场景，探索能源互联网下的能源电力服务模式和友好互动用电技术。设备状态智能感知领域聚焦能源互联网中输变电装备状态感知的关键问题，建设智慧输变电装备的考核试验及测试平台，采用全息技术对多工况复杂环境因素进行智能感知，攻克输变电装备状态感知、智能化设计、可靠性考核等关键技术，为能源互联网建设提供坚强支撑。新能源电力系统领域围嵹提升新能源的预测准确性、可调可控性以及交直流外送型电网安全稳定控制策略等关键技术，通过强化电源侧管控技术，提升电网精准调控能力。综合能源系统领域围绕多元能源多维感知、跨界优化等核心技术，以交直流混合微电网、全球最大规模干热岩供热系统、电热冷气全面感知系统为载体，建设国际领先的校园综合能源系统实验平台，打造国际能源互联网研究的标准测试系统。

参 考 文 献

[1] 刘凡，别朝红，刘诗雨，等. 能源互联网市场体系设计、交易机制和关键问题 [J]. 电力系统自动化，2018，42（13）：108-117.

[2] 北极星输配电网. 重磅｜国家电网发布具有中国特色国际领先的能源互联网规划 [EB/OL].（2021-04-26）https://news.bjx.com.cn/html/20210426/1149467.shtml.

[3] 杨胜春."源—网—荷—储"互动调控——能源互联网的智慧大脑 [N]. 国家电网报，2020-5-12（8）.

[4] 孙宏斌，郭庆来，潘昭光. 能源互联网：理念、架构与前沿展望 [J]. 电力系统自动化，2015（19）：1-8.

[5] 田世明，栾文鹏，张东霞，等. 能源互联网技术形态与关键技术 [J]. 中国电机工程学报，2015（14）：3482-3494.

[6] 李柏青，刘道伟，秦晓辉，等. 信息驱动的大电网全景安全防御概念及理论框架 [J]. 中国电机工程学报，2016，36（21）：5796-5805，6022.

[7] 董旭柱，华祝虎，尚磊，等. 新型配电系统形态特征与技术展望 [J]. 高电压技术，2021，47（9）：3021-3035.

[8] 贾宏杰，穆云飞，余晓丹. 对我国综合能源系统发展的思考 [J]. 电力建设，2015，36（1）：16-25.

[9] 蒲天骄，刘克文，陈乃仕，等. 基于主动配电网的城市能源互联网体系架构及其关键技术 [J]. 中国电机工程学报，2015，35（14）：3511-3521.

[10] 彭克，张聪，徐丙垠，等. 多能协同综合能源系统示范工程现状与展望 [J]. 电力自动化设备，2017，37（6）：3-10.

第十二章　配电系统形态演进历程

第一节　配 电 网 现 状

一、配电网特点

随着"十二五""十三五"配电网建设改造行动计划实施，现状配电网供电能力、供电质量均得到有效提升，居民由"用上电"向"用好电"逐渐转变。现状配电网总体呈现以下特点：

（1）供电能力总体充裕，但存在局部发展不充分、不平衡的问题；部分线路不满足 $N-1$ 要求，转供能力需要进一步提升。

（2）城乡地区差异较大。乡村中压配电网以辐射型为主，联络率较低，转供能力仍需增强。

（3）新能源和多元化负荷发展迅速。近几年配电网分布式电源和电动汽车、储能、电采暖等多元化负荷快速发展，给配电网安全稳定运行带来重大挑战。

（4）配电系统智能化需求进一步提升。在信息物理融合的背景下，配电系统可观可测可控需求进一步提升，需要加强大数据、人工智能等新兴技术在配电系统中应用。

二、配电网新形态

配电网形态指配电网的组成和结构，反映了配电网各组成成分之间的联系和相互作用，是配电网特征的外在表现形式。传统配电系统分为"源、网、荷"三大部分。近年来，储能技术迅速发展，在配电网中的作用日渐凸显。相比于传统配电网，未来配电网需要给用户提供更加经济、环保和可靠的电力供应，主要有以下特点：

（1）分布式能源大量接入配电系统，配电网从传统的无源网络演变成多源网络。电源侧呈现出较为明显的随机特性，网络功率潮流由传统的单向转变为双向，给配电系统带来挑战。

（2）随着生活水平的提升，电力用户对于供电可靠性的要求日益提高，配电系统网架结构将由传统的单向辐射式向多联络多电源的复杂模式转变。

（3）负荷侧的灵活调节潜力巨大。负荷侧电采暖、空调等季节性负荷逐渐增加，随着需求侧响应等技术的发展和市场机制的完善，负荷侧调控潜力将逐步释放，并对配电系统运行起到一定支撑作用。

（4）随着分布式电源、储能、软开关、交直流互联等技术的应用，配电系统中电力电子设备逐步增多。电力电子设备提高系统运行效率、供电质量的同时，给配电系统的安全控制带来重大挑战。

（5）在双碳背景下，配电系统对能源利用清洁化、低碳化的需求逐步提升，多能转换设施逐步增加，配电系统正逐步向"能源系统"发展，成为"互联网＋"社会的关键组成，以提高能源利用整体效率。

为适应新型电力系统和碳达峰碳中和的发展需求，配电网将逐步承担电、气、冷、热等多能量相互转化、替代与利用功能，逐步发展为源网荷储协调互动、电气冷热多能耦合互补的新型配电网络。

第二节　配电系统形态演进

一、"三阶段"演进过程

配电网形态发展主要分为传统配电系统、现代配电系统、未来配电系统三个阶段。随着新技术的产生和发展，"源、网、荷、储"等各个层面逐步向未来配电系统发展。配电网形态"三阶段"演进过程如图 12-1 所示。

（一）传统配电系统

第一代配电网具有电压低、容量低、规模小等特征，输配电线路保护措施简单，电网的运行调度采用统一规划方式，大部分负荷侧和发电侧仅仅作为联络线的两个端点，电网频率和电压的稳定通过发电厂内部的发电机进行调节。

二战后，大量出现的工业用电对供电可靠性和电能质量要求更高，传统配电系统中的负荷侧模型初步形成；同时，随着发电机容量的提升以及大规模水电机组和火电机组投入运行，电源侧的功率输出限制基本解除，电源侧逐步完善；随着高电压长距离输电技术的成熟，电网侧的电压等级不断提高，经过20世纪中后期的发展，电网侧已经形成了互联互通的高、中、低压配电网络结构。

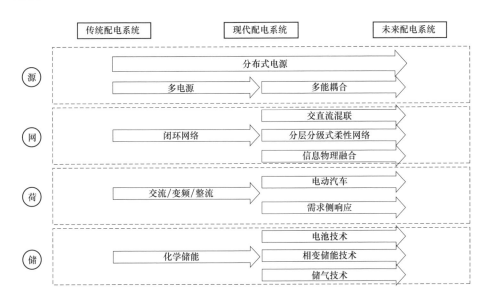

图 12-1　配电网形态"三阶段"演进过程

这个时期逐步成型的传统配电系统呈现闭环设计、开环运行的突出特点，通过单电源辐射型网络满足大量用户的供电需求，强调用户的覆盖广度和满足用户"用上电"的需求。传统配电系统示意图如图 12-2 所示。

（二）现代配电系统

随着经济社会发展，用户对供电质量、供电可靠性的要求进一步提升，农村用户供电距离长、低电压等问题逐步出现，多电源供电结构随之出现。同时，随着分布式电源的发展和电力电子、通信技术的进步，微电网、中压闭环网络结构等新型结构开始试点示范，用户侧个性化、差异化用能需求得到满足。此阶段强调用户的供电质量和满足用户"用好电"的需求。现代配电系统示意图如图 12-3 所示。

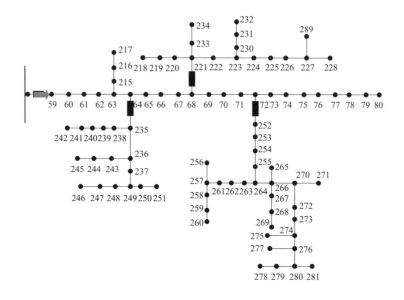

图 12-2 传统配电系统示意图

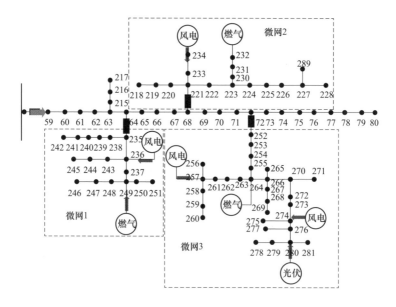

图 12-3 现代配电系统示意图

（三）未来配电系统

随着可再生能源消纳需求的进一步提升，一次侧网架结构薄弱、馈线自动化水平低、调度控制方式落后以及用户侧互动行为匮乏等问题逐步凸显。为解决上述问题，国内外学者开展了主动配电网、交直流混合电网、能源互联网等未来配电网形态探索，推动现代配电网向未来配电网转变。

未来配电网应具有主动配电网的特征，包括分布式发电、主动负荷和储能等多个要素，并与信息通信技术深度融合。电源侧引入风光气等多种形式能源，清洁能源快速发展；电网侧电力电子技术推动交直流混联配电网络逐步发展，个性化、差异化用能需求推动配电网呈现多层次多电压等级的复合型网络架构；用户侧电动汽车、智能家居逐步普及，综合需求响应等技术深度应用；储能技术广泛应用，电化学储能、相变储能、储气等多类型储能技术不断发展；同时，信息通信技术深度应用，为源网荷储协调互动、多能互补提供支撑平台。未来配电网形态构想如图 12-4 所示。

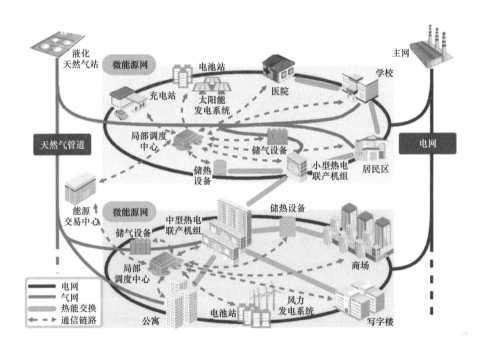

图 12-4　未来配电网形态构想

二、配电系统形态比较

三个阶段的配电网形态对比如表 12-1 所示。

表 12-1 三个阶段的配电网形态对比

部分	传统配电系统	现代配电系统	未来配电系统
电源侧	大电网 单电源	大电网 分布式电源	分布式电源 综合能源系统
电网侧	辐射状 单一拓扑	闭环结构 开环运行	交直流混联 分层分群
负荷侧	常规交流负荷	交流/变频/整流负荷	需求侧响应负荷
储能应用	抽水蓄能	化学储能	分布式储能

从电源侧来看，传统配电网系统的主要特点是大电网单电源，呈辐射式结构，潮流从电源流向负荷。随着经济社会发展，分布式电源得到快速的发展，现代配电网系统呈现出大量分布式电源接入的特点，具有高效、环保、经济等特征。为进一步提升分布式电源消纳能力和能源供应清洁化水平，冷热电气等不同品类能源综合互补利用的供应方式成为未来发展方向。

从电网侧来看，传统配电网的网架主要是辐射状的单一拓扑结构；随着电源点和电网容量的增加，为提高电网运行的灵活性和供电可靠性，现代配电网多采用闭环结构、开环运行的方式。随着新技术的发展，配电网中接入的分布式电源、储能设备、直流设备和多元化负荷逐步增加，未来配电系统将从传统单纯的交流配电网络演化为交直流混合的配电系统。

从负荷侧来看，传统配电网的负荷主要是常规交流负荷。随着电力电子技术的发展，负荷侧出现了交流负荷、整流负荷和变频负荷共存的情况。同时，随着电动汽车负荷、可调度电负荷、冷热负荷的出现，通过减少或者延迟需求侧的电力负荷来实现供需平衡的研究逐渐引起人们的重视，未来配电负荷将在满足用户差异化需求的基础上，形成主动响应的互动化负荷形式。

从储能角度来看，传统配电网的储能形式主要是抽水蓄能，随着电池种类的增多和技术的进步，现代配电网出现了以液流电池、钠系高温电池、镍氢电池、锂离子电池和金属空气电池等为代表的电化学储能。随着智能电网、可再生能源发电、微电网以及电动汽车等技术的蓬勃发展，分布式储能和多类型储能技术应运而生。在分布式电源并网点或用户侧就地、就近设置储热、储气、储电等设施，通过源网荷储协同和多能耦合互补提高区域能源利用效率。

参 考 文 献

[1] 张勇军，羿应棋，李立涅，等. 双碳目标驱动的新型低压配电系统技术展望 [J]. 电力系统自动化，2022，46（22）：1-12.

[2] 马钊，张恒旭，赵浩然，等. 双碳目标下配用电系统的新使命和新挑战 [J]. 中国电机工程学报，2022，42（19）：6931-6945.

[3] 董旭柱，华祝虎，尚磊，等. 新型配电系统形态特征与技术展望 [J]. 高电压技术，2021，47（9）：3021-3035.

[4] 王成山，王瑞，于浩，等. 配电网形态演变下的协调规划问题与挑战 [J]. 中国电机工程学报，2020，40（8）：2385-2396.

[5] 李钦豪，张勇军，陈佳琦，等. 泛在电力物联网发展形态与挑战 [J]. 电力系统自动化，2020，44（1）：13-22.

[6] 吕军，盛万兴，刘日亮，等. 配电物联网设计与应用 [J]. 高电压技术，2019，45（6）：1681-1688.

[7] 吕军，栾文鹏，刘日亮，等. 基于全面感知和软件定义的配电物联网体系架构 [J]. 电网技术，2018，42（10）：3108-3115.

[8] 康重庆，姚良忠. 高比例可再生能源电力系统的关键科学问题与理论研究框架 [J]. 电力系统自动化，2017，41（9）：2-11.

[9] 刘涤尘，彭思成，廖清芬，等. 面向能源互联网的未来综合配电系统形态展望 [J]. 电网技术，2015，39（11）：3023-3034.

[10] 盛万兴，段青，梁英，等. 面向能源互联网的灵活配电系统关键装备与组网形态研究 [J]. 中国电机工程学报，2015，35（15）：3760-3769.

[11] 吴姗姗，宁昕，郭屾，等. 配电物联网在新产业形态中的应用探讨 [J]. 高电压技术，2019，45（6）：1723-1728.

[12] 祁琪，姜齐荣，许彦平. 智能配电网柔性互联研究现状及发展趋势 [J]. 电网技术，2020，44（12）：4664-4676.

第十三章 未来配电系统形态

第一节 电 源 形 态

未来配电网的电源形态将呈现综合能源系统和分布式能源两种形式。综合能源系统旨在利用不同能源之间的耦合特性，实现能源的综合利用和高效利用；分布式能源系统是位于或临近负荷中心的小规模供能系统，是集中式供能系统的重要补充。

一、综合能源系统

（一）技术介绍

为应对能源短缺、环境恶化等问题，实现碳达峰碳中和目标，未来配电网源侧将朝向多元化和清洁化的方向发展，即大力发展清洁能源和综合利用多种能源，提高能源的总体利用效率。综合能源技术（多能耦合技术）是实现上述目标的核心技术，根据不同能源间的互补耦合特性，统筹规划各种能源供给计划和能源转供计划，实现多种能源系统的协同优化。

综合能源系统主要由电力系统、天然气系统、热力系统以及多种能源转化元件组成，通过以 CHP、P2G 等设备为代表的能量转换装置，实现热能、天然气与电力之间的耦合互补。以燃气轮机为例，燃气轮机的热能、电能供给量存在比例耦合关系，在制定或优化供热（电）调度计划、确定燃气轮机热电供给配额时，通过考虑热、电供给的耦合关系和蓄热储冷设备，合理利用冷、热、电时间尺度的互补性，形成短时间尺度的移峰填谷和多能源的梯级利用，进而提高能源的整体利用效率。

综合能源系统打破了供电、供气、供冷/热等各种能源供应系统单独规划、单独设计和独立运行的既有模式，对各类能源的分配、转化、存储和消费等环节进行有机协调与统筹优化，提高了能源供应的清洁化水平。综合能源系统形态示意图如图 13-1 所示。

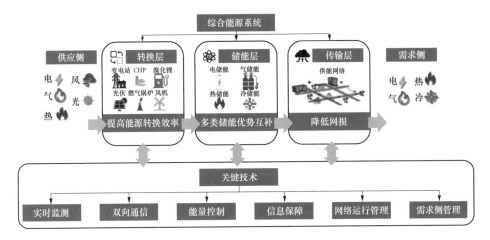

图 13-1　综合能源系统形态示意图

（二）发展难题

构建综合能源系统面临如下难题：

（1）多时间尺度耦合问题。综合能源系统内部不同子系统在时间尺度上存在较大差异，热力系统、燃气系统、电力系统具有不同的时间常数。对于彼此耦合的电、气、热等能源系统多时间尺度特性的研究是当前国内外相关研究的热点和难点。

（2）源荷不确定性分析难题。清洁能源具有随机性、波动性特点，叠加原有负荷需求的不确定性，使得电力系统源荷均呈现不确定性。若考虑供热、供气系统的随机性，将给综合能源系统的统筹规划、协调运行带来重大挑战，亟需建立新的平衡机制。

二、分布式能源

（一）技术介绍

国际分布式能源联盟 WADE 对分布式能源定义为：安装在用户端的高效冷/热电联供系统，能够在消费地点（或附近）发电，并利用发电产生的废能生产热和电，现场设备主要为利用现场废气、废热以及多余压差发电的能源循环利用系统。

分布式能源系统位于或临近负荷中心，不以大规模、远距离输送电力为目的，是建立在能量梯级利用概念基础上的一种先进供能系统。分布式能源系统中，可再生能源与化石能源可以通过冷热电等不同能源形式，在发电、供热和制冷等不同环节互补利用，实现能源综合梯级利用和高效转换，呈现高效、环保、经济、可靠和灵活等特点。分布式能源将传统电力系统中"源—网—荷"刚性链式连接模式，转变为"源—网—荷—储"灵活协调、互补优化的主动配电形式，是集中式供能系统不可或缺的重要补充，是实现我国能源转型和能源利用技术变革的重要方向。分布式能源系统集成原理简图如图 13-2 所示。

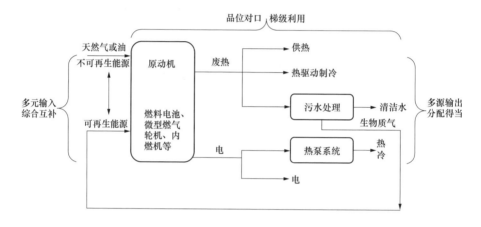

图 13-2　分布式能源系统集成原理简图

（二）发展形势

在城镇及周边热负荷集中区，分布式能源系统将优先发展热电联产、工业余热、地热等集中供热方式，鼓励发展燃气热电、燃气锅炉、电锅炉、热泵、生物质热电等新型清洁热源；在乡村地区，利用农作物秸秆发酵产生沼气作为分布式能源系统的能量来源，并与分布式发电等技术相结合，在改善农村灶具的同时，提高乡村地区供能清洁化水平。

第二节　网　架　形　态

随着可再生能源和电动汽车、储能等多元化负荷接入配电网以及电力电子技术的发展，配电网呈现微电网、交直流混联电网等形态多元发展的趋势。未来配电系统网架形态将呈现微电网与大电网协调配合、分层分群协调发展、交直流混联等多种形态。

一、微电网与大电网协调配合

微电网是由分布式发电、用电负荷、监控、保护和自动化装置等组成，是一个基本实现内部电力电量平衡的小型供用电系统。微电网虽然规模较小，但功能齐全，具备离网（直接连接用户）、并网（连接大电网）两种运行模式，并可并离网平滑切换等。微电网具有微型、清洁、自治、友好等基本特点，具有电压等级低、能源综合利用率高、能够实现电力供应的自平衡以及减少分布式电源接入电网的冲击等优点。微电网的组成如图 13-3 所示。

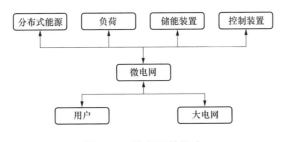

图 13-3　微电网的组成

未来，配电网将是集中式大电网与微电网的结合体，即大型骨干网架和分布式微电网相互配合。集中式大电网的坚强网架实现功率远距离、大容量输送和逐级配送，微电网实现局部区域内源网荷储协调优化运行，为大电网提供补充。同时，随着分布式能源规模化发展，可以构建地理上毗邻的微电网、分布式电源、负荷的综合体，即微电网群，该综合体可作为一个可调度单元通过一个或多个公共连接点与外电网连接。

国内专家学者指出，微电网群是由地理位置接近的多个微电网在中低压配电网形成的具备特定功能和运行目标的群落，群落中微电网既可以独立并网或是离网运行，也可以接受和执行群级协调调度指令，完成共同的运行控制目标。微电网之间相互独立，微电网内分布式电源及负荷仅由本微电网的控制器协调控制；各微电网之间通过光纤或无线网络与微电网群协调控制系统和能量管理系统相连，实现各微电网与控制中心的双向通信。微电网群示意图由图 13-4 所示，图中黑色和蓝色分别为能量网络与信息网络。

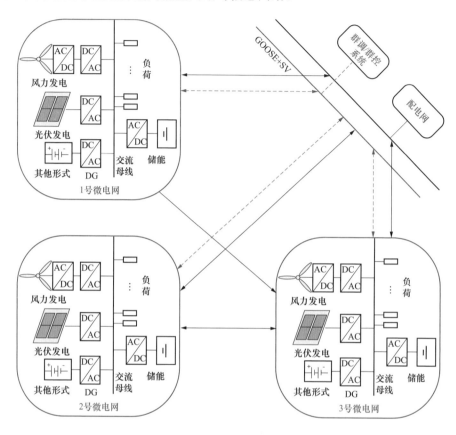

图 13-4　微电网群示意图

随着未来智能电网的发展与微电网群技术的完善成熟，微电网群能量管理系统将成为智能配电网能量管理系统的重要组成部分，考虑多方案下微电网群与配电网的广域协同调度将是智能配电网能量调度的重要发展方向。

二、分层分群协调发展

随着分布式能源和多元化负荷灵活接入，未来配电网网络拓扑将呈分层分群的差异化发展趋势。

"分群"指配电网结合变电站布点、行政区域、主要地理特征、微电网范围等边界，呈现分群的特征，各个集群间保留一定比例的联络。"分层"指随着地区电网的持续发展，中压配电网规模进一步扩大，网络结构和网络接线方式进一步规范，高、中、低压层次分明的网络结构特征进一步凸显。

　　基于分层分群原则的地区电网是指在集群划分和内部分块的基础上，因地制宜采用先进方法，将地区电网分成若干相对独立的集群单元，结合不同电压等级电源布点和容量优化，使负荷集群分布趋于平衡。分层分群的电网体现为群体内强联络、群体间弱联络，形成可靠的网格状结构。分层分群形态的基础网格结构如图 13-5 所示，形态示意图如图 13-6 所示。

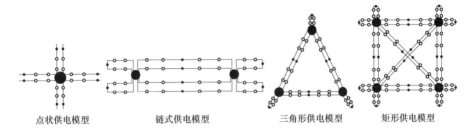

图 13-5　分层分群形态的基础网格结构

图 13-6　分层分群形态示意图

　　城市地区负荷分布集中、负荷需求大、供电可靠性高，但不同区域负荷集中程度不同、不同时间段负荷特性不同，且各类型能源需求不均匀，根据城镇负荷的特点，城镇可以采用灵活可控的多环网状结构，实现区域负荷的灵活调度、故障隔离和网络重构等。同时，对不同电压等级采取分级入网、分级输送、降压入户等手段，配合使用柔性直流输电技术、交直流混联等网络结构，提升配电网资源配置水平。

农村地区供电区域广、负荷密度低，传统线路为辐射型，部分地区存在线路长、单电源供电等问题，未来农村配电网仍以辐射型线路为主，在分布式电源密集、负荷相对集中等区域可配置分布式储能装置，形成微电网，降低零散负荷对中心变电站的负荷需求，提高农网供电可靠性。

三、交直流混联

随着新能源、新材料以及电力电子技术的快速发展与广泛应用，用户对供电质量、供电可靠性以及运行效率等方面的要求日益提高，现有交流配电网面临用电需求定制化和多样化、分布式发电接入规模化、潮流协调控制复杂化等多方面的巨大挑战。考虑分布式能源与多元化负荷灵活接入配电网的需求，交直流混联将成为未来配电网重要形态之一。

近年来，随着电力电子技术的不断发展，直流技术在可再生能源并网、传输、消纳等方面的优势不断凸显。在传统交流配电网中，通过引入具有高度可控性和灵活性的柔性直流技术，构成交直流混合配电系统，可改善电网结构，提高可再生能源接入灵活性；增强电网应对不确定性的快速调控能力，实现多类型可再生能源协调互补消纳；减少变换环节，提高能源利用效率，交直流混联形态示意图如图 13-7 所示。

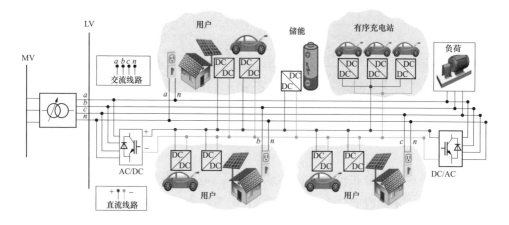

图 13-7　交直流混联形态示意图

交直流混联系统具有点对点互联或者环网、手拉手等网络形式，从根本上改变辐射式配电网络的特点，提升潮流调控能力。具体为：柔性直流技术不存在功角稳定问题和无功问题，无需跟踪频率与电压相角变化，可实现有功功率和无功功率的快速解耦控制，现已在大规模异步电网互联与电力交易、风电场/光伏列阵集中并网等方面取得了广泛应用；同时，直流系统中电压源型换流器、直流软开关、电力电子变压器等柔直电力电子装置，赋予了配电网灵活的分区潮流路由能力，可为负荷中心提供动态无功支撑，在应对分布式电源出力波动等方面具有明显优势；另外，直流型电源和直流负荷直接接入直流系统，可大幅减少转换损耗，降低网架复杂度。

网络结构方面，未来配电网的高压和中压将形成基于环形母线的多层级交直流混联结构，在以区域直流、交流环形母线为基本结构单元的环状结构上，可以方便地接入各种电源、负荷和储能装置，具有统一规范的互联接口和灵活自组网能力。正常运行时，单元内部母线以环形、网形结构合环运行，同一层级不同单元间通过软开关（soft normally open points，SNOP）等电力电子装置连接，实现不同环形母线之间的功率输送或双向功率交换。

一般交直流混合配电网的层级结构设置为4层，分别为区域综合配电系统、局域综合配电系统、综合微电网和直流信息纳电网。其中，综合微电网是在传统微电网概念基础上，增加了多能源转换接口；直流信息纳电网指专门针对计算机、服务器等关键用户设备，采用交直流双端供电保证可靠性。

第三节　负　荷　形　态

未来配电网的负荷形态在传统电负荷、多能转换设施的基础上，还将呈现出电网与交通网等其他设施深度耦合的特点，以电网与交通网深度融合为例，电网—交通网深度耦合以电动车的规模化应用为主要特征，是能源电力系统与交通系统深度融合的结果，具体如下。

随着技术的发展，新能源（混合动力、纯电动、氢燃料和太阳能等）汽车、电气化轨道交通、电气化舰船等各类使用二次能源的交通工具发展迅速。在未来能源互联网的用能场景下，冷、热、电、气和交通等多元异质系统的耦合关系日益紧密，通过电能为基础的架构，在用户、能量、信息等层面实现互联互通和深度耦合。随着电动汽车数量快速增长,能源系统和交通系统呈现高度交互和深度融合,进而形成电力-交通融合网络(integrated electricity and traffic networks,IETN)。电网—交通网耦合示意图如图13-8所示。

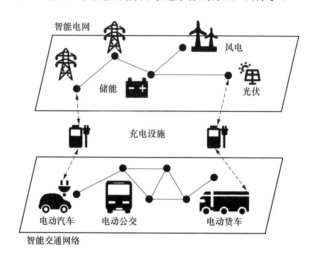

图 13-8 电网—交通网耦合示意图

如图 13-8 所示,交通网络中,电动汽车是道路交通的参与者,表征为路网中的交通流量;能源网络中,电动汽车充电时通过充电设施与能源系统相连,与家庭、楼宇、园区和电网等产生能量交互,相应地衍生出车辆到家(vehicle-to-home,V2H)、车辆到建筑物(vehicle-to-building,V2B)和车辆到电网(vehicle-to-grid,V2G)等概念;在信息通信领域,以车间通信(vehicle-to-vehicle,V2V)、车辆与路侧设施、基础建设之间通信(vehicle-to-infrastructure,V2I)、车辆与网络间通信(vehicle-to-network,V2N)、车路协同(vehicle-to-everything,V2X)等为代表的车联网相关概念也在逐步发展。IETN 通过电动汽车的耦合效应如图 13-9 所示。

大数据、移动互联网、5G 网络、物联网、云计算、智慧城市、边缘计算等各类新技术为城市电力—交通融合网络建设提

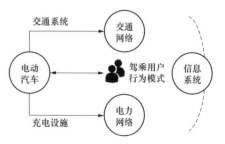

图 13-9 IETN 通过电动汽车的耦合效应

供了技术储备。IETN 的发展不仅需要能源网络与交通网络持续深化现有的传

感—决策—控制系统，同时还需打破原有各系统间的信息壁垒，建立互信、可靠、互通共享的信息系统，在保证原有系统的网络安全与隐私保护，通过各自业务系统统计规律、决策逻辑等数据特征共享与融合，实现能源系统和交通系统的互联互通、协同调度，如城域 IETN 协同控制系统和融合网络监测与调控系统。

城域 IETN 协同优化系统则侧重于状态监测感知系统和调控优化系统的互联互通。城域 IETN 协同优化调控系统的架构如图 13-10 所示，主体包括终端层、感知层、网络层、平台层、应用层 5 层结构。终端层由充电设施、电动汽车等一系列物理实体与用户组成，包含城域 IETN 中各类设备与多元参与者。感知层由一系列传感设备与数据采集设备构成，实现信息感知和数据预处理等基本功能，将物理世界中的状态量转化为信息系统中的数字量。网络层是感知层与应用层的信息传输桥梁，通过各类私有网络、互联网、有线和无线通信网等网络，实现下属节点信息的上传与汇集、组网控制、信息转发等功能。平台层运行于基础设施层之上，为应用层提供通用服务所需的安全、可靠、高效的环境。应用层位于整体架构的最顶层，对各系统汇集的有效信息进行处理、分析、计算与挖掘，为城域 IETN 的优化运行提供实时监控、精准感知与科学决策。

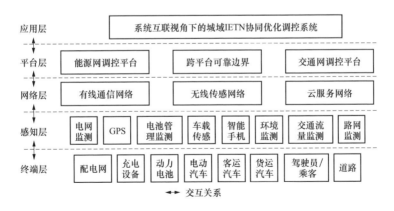

图 13-10 城域 IETN 协同优化系统的架构

融合网络监测与调控系统侧重利用先进的信息系统，实现交通系统、能源系统和社群系统的融合与互动，通过数据传感网络采集与历史数据行为分析，设计以时间或者价格为代表的信息激励手段，挖掘系统中的灵活性与可调控潜力，减弱用户行为的不确定性所带来的不利影响。融合网络监测与调控系统本质上是信息—物理—社群系统中的信息部分。电力系统与交通系统遵循各自物理运行属性，一方面，经由电动汽车相耦合；另一方面，根据来自信息系统的控制指令进行响应，构成其中的物理系统。而电力系统与交通系统中广泛参与的各类用户则是其中的社群系统。城域 IETN 中的信息流交互如图 13-11 所示，系统中的信息流抽象为图中的框图。

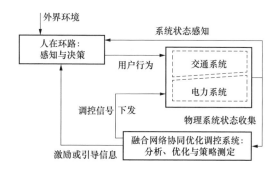

图 13-11　城域 IETN 中的信息流交互

第四节　储　能　形　态

储能技术是智能电网和能源互联网的重要组成部分和关键支撑技术，贯穿于电力系统的发、输、供、配、用各个环节，其广泛应用对于节能减排与优化能源结构具有重要推动作用。未来配电网系统中储能将呈现多样化、规模化的发展趋势。

一、多样化储能

（一）技术介绍

多样化储能指通过运用电化学储能、相变储能、储气等多种类型的能量存储设施，实现风光水火储多能互补，促进能源生产消费开放共享、灵活交易、多能协同，提升能源利用效率。各类储能技术发展趋势如下：

（1）电池技术。近年来，以锂离子电池为代表的电化学储能进步显著，电池寿命大幅提升，成本快速下降，储能系统等效度电成本由 2015 年的 1.50 元/（kWh・次）

下降至不足 0.50 元/（kWh·次），突破盈亏平衡点，部分应用场景中电池储能系统已初步具备与燃气机组相竞争的技术经济性条件。预计到 2030 年，锂离子电池储能系统的等效度电成本进一步下降，光/储能联合发电成本低于传统火电机组标杆电价，无严重损耗下的使用期限和充电次数将明显提升。

（2）相变储能技术。相变储能的原理是利用相变材料的储热特性储存或者释放热量，从而达到调节或控制该相变材料周围环境温度的作用。同时，在吸热和放热的过程中，相变材料在很小的温度变化范围内能带来大量的能量转换，改变能量使用的时空分布，提高能源的使用效率。相变储能材料常用于大容量储冷储热，一般与供热系统或建筑材料结合，成为内墙、楼板等建筑组成的一部分，或冰蓄冷等冷热源设备。近年来，相变储能材料与采暖通风系统结合，在"被动式房屋"中得到了很好应用。典型的相变材料有水、无机盐类、石蜡等。

（3）储气技术。储气技术主要指 P2G 后的气体存储和利用，包括电转氢气和电转天然气。P2G 适用于新能源装机容量大、渗透率高的地区。电转氢气新技术包括固体氧化物水电解制氢技术和液氨储氢等化学储氢技术等，电转氢气后可以存储，用于电动汽车的燃料电池。电转天然气指利用无法消纳的新能源，通过天然气管道运输、存储，供给燃气轮机和居民燃气负荷。

（二）关键技术

随着多样化储能的发展，未来配电系统中多样化储能应重点关注如下技术：

（1）协同规划技术。深入挖掘能源互联网各类资源数据价值，建立能源电力系统的评估指标，合理规划各类型储能的配置容量，有效协调调控各类资源，实现资源的跨能量优化配置。

（2）能量调度技术。实时监测系统中各类能源流数据，通过多样化储能的容量调度，实现冷热电气多种能量系统的协调运行，提高能源利用效率。

（3）能源价格机制。综合考虑多样化储能建设经济性和网络运行的管理要求，完善电力能源交易和能源价格机制体制，减少能源系统的使用成本。

二、规模化储能

（一）规模化储能构成

随着技术的发展，未来储能系统的储能密度、储能功率、响应时间、储能效率、设备寿命、经济性、安全性和环保性等指标将进一步提升，储能呈现规模化发展趋势。

规模化储能主要包含大容量集中式储能电站以及分布式储能的广域协同聚合等两种形式。目前，百兆瓦级储能电站系统集成技术已实现突破，但系统安全和性能过早老化问题仍有待改进。大规模集中式储能电站的关键设备主要包括：①储能模块，由电池、飞轮、超导磁等多种材料组成的复合储能模块；②储能模块管理系统，如电池管理模块（battery management system，BMS）等；③站内监控智能系统，具有智能决策功能，监测站内各个设备状态并进行判断，智能地应急处理突发事故；④电力变换器，如储能逆变器，电力电子变流器（power conversion system，PCS）等。分布式储能电站需要灵活统一的储能模块接入接口，实现电动汽车等移动式储能设备的灵活接入。

（二）功能作用

规模化储能可以作为调峰资源，提高新能源消纳水平；满足尖峰负荷供电需求，减缓电网投资，提高电网设备的利用率；为电网运行提供调峰、调频、备用、黑启动、需求响应支撑等多种服务，为系统提供紧急功率支援；满足用户个性化、定制化用电需求，提高供电可靠性和电能质量；聚合用户侧可调节资源，联合参与需求响应，获取辅助服务收益等。

（三）功能差异

在功能上，集中式储能电站侧重于电网的移峰填谷、调频调峰、有功支持、无功支持等系统级应用。分布式储能电站在规模上相对较小，主要改善社区电能质量、实现移动式储能设备充放电控制和孤网供电等。在空间布局上，分布式储能安装地点灵活，减少了集中储能电站的线路损耗和投资压力。在调控运行方面，集中式储能电站可观可测可控技术相对成熟，便于同大电网协调互动；分布式储能接入及出力具有分散布局、可控性差等特点。

第五节　二次侧形态

未来配电网的二次侧形态将以信息物理融合为主要发展趋势。在电网信息物理系统中，物理系统在运行过程中产生的电压、电流等量测信息将成为信息系统的输入量，再经过信息系统中各个二次设备的传输、处理、转换后，形成控制信息，通过信息业务的下发，对物理系统进行控制。即信息系统中的控制命令将决定物理系统的状态，而物理系统状态又将决定信息系统的数据输入，使信息系统与物理系统的运行呈现耦合关系，产生交互影响。

一、技术介绍

"互联网＋"渗透信息物理耦合电力系统（cyber physical power system，CPPS）的新形势下，CPPS 的分析规模增大、安全风险增加。提升分析能力的关键技术，一方面，在于从设备层着手，加强一、二次设备的信息物理融合能力，密切系统终端的信息联系；另一方面，则在于整个信息传输处理过程的可观、可测及运转高效，以透明化的信息呈现能力及信息高效快速处理能力提升系统的安全预防及管控运维能力。

配电网中 DG、保护装置、负荷等之间的数据和信息交换是实现主动配电网（active distribution network，ADN）管理的基础，通信和信息技术（communication and information technology，CIT）往往被视为 ADN 管理能否成功实施的决定因素之一。国际电工委员会针对电力系统中的 CIT 制定了两项重要标准：IEC 61400-25 和 IEC 61850。在 ADN 管理中，CIT 技术主要可以分为以下两个部分高级量测体系（advanced metering infrastructure，AMI）和相量测量单元。

AMI 是一个用来测量、收集、储存、分析和运用用户用电信息的完整网络和系统。AMI 的建立，将彻底改变电力流和信息流单方向流动的现状，为用户和电网的双向全面互动提供平台和技术支持。用户和电网的信息交互，将使用户随时掌握电网的负荷情况和电价信息，从而可以主动参与电网运行；用户侧储能装置和分布式可再生能源的接入将改变配电网的潮流分布，在电价政策的合理引导下减小电网负荷的峰谷差，提高电力设施的利用率。

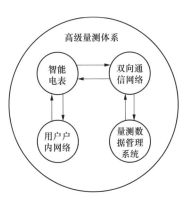

图 13-12　AMI 组成示意图

AMI 组成示意图如图 13-12 所示，由智能电表、双向通信网络、量测数据管理系统和用户户内网络 4 部分组成。

智能电表作为计量结算的重要依据，其主要功能之一与传统电表相同，即满足一定精度的电能计量。此外，与传统电表相比，智能电表能够测量和存储的数据更多，功能更加强大。如随时保存带有时标的电能数据、根据预先设定时间间隔进行测量和存储各类电能和电量数据等。智能电表内置通信模块，可以通过双向通信网络与量测数据管理系统和电网数据中心进行信息交流。

双向通信网络改变了以往数据中心从用户获取数据的单一模式，用户也可以随时获知电网的运行状态和关心的电价等信息，从而可以主动参与到电网生产和运行中。

量测数据管理系统位于数据中心，用来存储、分析和管理用户的计量计费信息，并负责与其他系统进行接口，为智能电网的决策运行提供基础数据支持。

二、影响作用

AMI 的主要功能包括：

（1）具有双向通信的功能，支持电表的即时读取、远程接通和开断，支持窃电检测、在线读表等。

（2）支持分时电价或实时电价和需求侧管理，能够实现与实时电价相结合的自动负荷控制。

（3）提供双向计量，支持具有分布式发电的用户。

（4）通信网络具有自愈功能，当通信网络不通时，能够自动重新配置通信网络。

（5）能够与其他系统诸如结算中心、停用电管理系统等互联互通。

能源互联网应用大数据云平台技术建设智慧能源运营服务平台，建立综合能源数据模型，搭建数据集成与分析平台，为智慧能源应用提供数据集成与融合服务和大数据分析计算环境。针对能源数据的实时连续性、数据处理要求高、短时爆发性强的特点，平台体系架构使用柔性多样化的数据集成技术和连续反应式的数据处理技术，支撑能源数据个体性的差异化处理；运用微服务、容器等弹性可扩展技术，建立云环境下微服务框架，支撑电网高级应用的快速开发和快速迭代。扩展综合能源数据模型与实现数据集成融合，针对水、电、气、冷、热、风电、光伏、储能与充电桩等十多种形式能源数据，进行综合能源数据模型扩展；通过对数据的解析，构建智慧能源上层应用的多源异构数据的融合模型，推动能源互联网综合能源数据模型标准的建立。

5G 作为第一个面向工业互联网的现代通信网络系统,将促进信息与能源的深度融合。5G 网络采用"NFV+SDN"的系统架构设计,基础设施虚拟化和软件定义化使其能耗水平急剧增加。

推进配电网信息物理融合建设,普及 5G 网络将面临以下供电问题:①终端能耗增长,而电池能量密度增长缓慢;②单站供电需求增长,且站点数量预计增长 5 倍,达到 3000 万个;③单站供电密度大幅上升,5G 叠加建设造成站点空间和供电容量受限。边缘数据中心加剧了站点供电和功耗问题,预测基站功耗将达到现有水平的 2~3 倍;④5G 垂直行业的应用对传统主备用供电模式提出新的要求,垂直行业应用将对 5G 供电的可靠性提出非常高的要求;50% 的小微站将需要备用电源;大型数据中心、边缘数据中心和雾计算节点面临供电容量问题。

当前配电系统存在的主要问题:①"源"—"荷"单向潮流,供电模式粗放单一;②配电系统缺乏大规模双向分布式电源的接入能力;③配电系统扩容困难,建设运维成本高;④缺乏对信息负荷的动态感知和控制能力;⑤配电系统能量转换和资产运行效率均不高。因此,随着 5G 技术的发展,5G 网络的供电容量受数量、密度和模式变革的影响呈现几何级数增长,现行配电系统的供电能力将难以满足 5G 建设和运行的要求,更无法满足未来基于 5G 特征进行进一步优化发展的新型信息技术的供电需求。

为了应对 5G 时代来临后电力系统的新形势,针对分布式能源大规模入网、随机负荷接入等一系列未来即将面对的问题,做到通过信息物理融合网络进行协调配置,以储能为强有力的手段,实现源侧到荷侧的随发随用,具体有以下方向:

(1)推进信息系统与电力系统的"烟囱式"叠加建设。

(2)采用能量信息化处理技术。通过摩尔定律解决能量系统问题,实现能量流与信息流的同频处理。

(3)使用面向智能电网业务的通信与网络资源融合优化技术,基于软件定义业务承载网络的能力,提升企业级资源分配的敏捷性。

(4)通过信息系统实现能量的广域时空转移。通过大电网的协同调度,实现随发随用的新型电力调度模式。

(5)促进信息系统和能源系统的深度融合。

参 考 文 献

[1] 张玮，白恺，鲁宗相，等．特大型新能源基地面临挑战及未来形态演化分析［J］．全球能源互联网，2023，6（1）：10-25．

[2] 赵鹏臻，谢宁，殷佳敏，等．适应新型电力系统发展趋势的配电网集中-分布式形态及其分层分区方法［J］．智慧电力，2023，51（1）：94-100．

[3] 魏泓屹，卓振宇，张宁，等．中国电力系统碳达峰·碳中和转型路径优化与影响因素分析［J］．电力系统自动化，2022，46（19）：1-12．

[4] 杨龙，张沈习，程浩忠，等．区域低碳综合能源系统规划关键技术与挑战［J］．电网技术，2022，46（9）：3290-3304．

[5] 张智刚，康重庆．碳中和目标下构建新型电力系统的挑战与展望［J］．中国电机工程学报，2022，42（8）：2806-2819．

[6] 袁铁江，孙传帅，谭捷，等．考虑氢负荷的新型电力系统电源规划［J］．中国电机工程学报，2022，42（17）：6316-6326．

[7] 马喜平，贾嵘，梁琛，等．高比例新能源接入下电力系统降损研究综述［J］．电网技术，2022，46（11）：4305-4315．

[8] 马喜平，贾嵘，梁琛，等．高比例新能源接入下电力系统降损研究综述［J］．电网技术，2022，46（11）：4305-4315．

[9] 董旭柱，华祝虎，尚磊，等．新型配电系统形态特征与技术展望［J］．高电压技术，2021，47（9）：3021-3035．

[10] 徐谦，邹波，王蕾，等．呈现集中—分布式形态的耦合协同型配电网架构研究［J］．电力自动化设备，2021，41（6）：81-92．

[11] 张永斌，张漫，王主丁，等．高中压配电网网架结构协调规划方案［J］．电力系统自动化，2021，45（9）：63-70．

[12] 张漫，王主丁，王敬宇，等．计及发展不确定性的配电网柔性规划方法［J］．电力系统自动化，2019，43（13）：114-123，168．

[13] 吴克河，王继业，李为，等．面向能源互联网的新一代电力系统运行模式研究［J］．中国电机工程学报，2019，39（4）：966-979．

第十四章　典型区域未来配电系统形态

随着源网荷储多样化新技术的发展以及新设备的研发，未来配电网呈现分层分群、交直流混联、综合能源系统等多种形态。同时，在中心城市、小型城镇、工业园区和农村地区等不同区域，又呈现新的发展特点。具体如下。本章对中心城市、小型城镇、工业园区、乡村地区做了简单介绍。

第一节　中心城市未来配电系统

中心城市未来配电网将呈现分层分群、能源互联的特点。电源层面，中心城市发展分布式光伏和风电的空间有限，但光伏建筑一体化技术有望普及，同时在公园等地区因地制宜发展光伏伞、光伏花、光伏座椅等景观光伏。网架层面，为提高城市电网负荷转供能力，智能软开关等电力电子设备占比有望提升，但受电力电子占地面积等因素制约，交直流混合配电网的覆盖区域有限。用户侧，局部多能转换设施、综合能源深度应用，推动冷热电气多能互补；电动汽车首先在中心城市推广应用；用户通过多元聚合积极参与需求侧响应。储能层面，在局部电网受限等区域，灵活发展分散式储能，推动各类资源灵活聚合。二次侧层面，配电网将在中心城区逐步实现光纤全面覆盖，配置智能配电终端等设备，为未来配电网提供有力信息平台支撑。中心城市关键设备、关键技术发展演变图分别如图14-1和图14-2所示。

为构建中心城市未来配电网形态，建议发展的关键设备有 BIPV、智能软开关、电力电子变压器、快速充电桩、电化学电池、智能配电终端、5G 设备等；建议发展的关键技术有柔性配电网、综合需求响应、电动汽车有序充电、电力市场交易等。

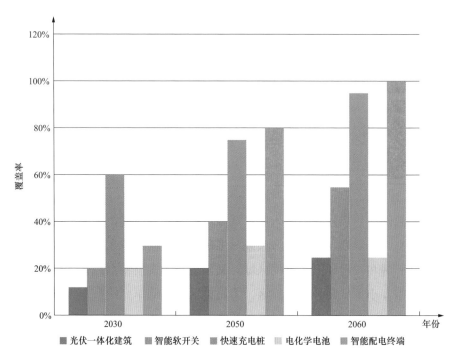

图 14-1　中心城市关键设备发展演变图

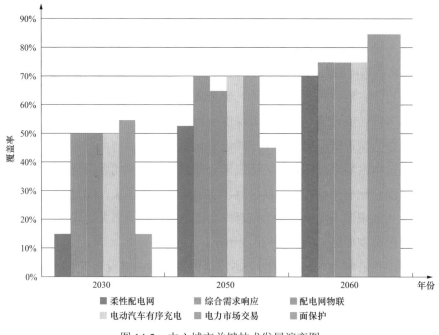

图 14-2　中心城市关键技术发展演变图

第二节　小　型　城　镇

　　小型城镇未来配电网形态将以综合能源系统为主要发展方向。小型城镇未来配电网示意图如图 14-3 所示，电源层面，周边区域具备建设分散式风机、分布式光伏的条件，分布式电源有望实现规模化应用。小型城镇具有发展集中供热的有利条件，结合区域冷热电三联供、P2G、沼气发电等小型机组的应用，可实现冷热电多能互补。网架层面，为促进分布式电源消纳、提升区域负荷转供能力，智能软开关、电力电子变压器等电力电子设备占比有望提升。考虑到小型城镇建设面积裕度较大，局部交直流电网、微电网、低压柔直互联电网、低压直流等新形态网架有望率先发展。用户层面，以纯电动汽车和氢燃料电池为主要动力源的电动汽车比例将逐步提升；结合蓄热、蓄冷等多能互补设备，用户需求侧响应比例逐步提升。储能层面，电化学储能与氢储能等新型电储能技术和冰蓄冷等储热、储气等多样化储能技术实现示范应用，集中式储能和分散式储能等各布置类型并存。二次侧层面，配电网智能配电终端与 5G 设备有望实现全覆盖，有线、无线通信方式并存，为综合能源系统发展提供信息支撑。小型城镇关键设备、关键技术发展演变图分别如图 14-4 和图 14-5 所示。

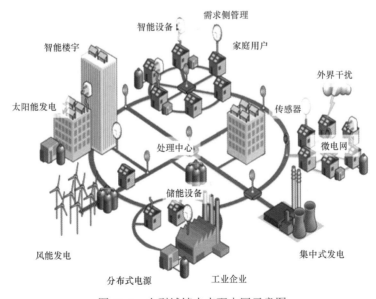

图 14-3　小型城镇未来配电网示意图

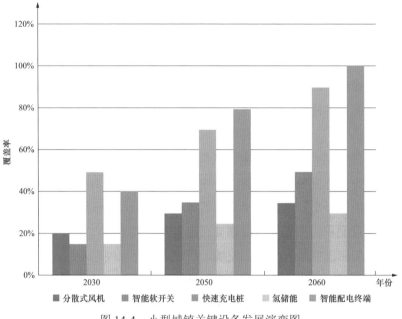

图 14-4　小型城镇关键设备发展演变图

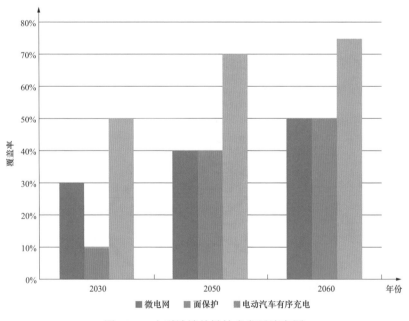

图 14-5　小型城镇关键技术发展演变图

　　为构建小型城镇未来配电网形态,建议发展的关键设备有分散式风机、屋顶光伏、智能软开关、快速充电桩、氢储能、智能配电终端、5G 设备等;建议发展的关键技术有综合需求侧响应、微电网、电动汽车有序充电等。

第三节 工 业 园 区

工业园区未来配电网形态将以交直流混联和综合能源系统为主要发展方向。工业园区未来配电网示意图如图 14-6 所示，电源层面，综合应用厂房屋顶光伏、分散式风机等技术，提高能源供应清洁化水平；同时，结合工业园区生产特点，灵活发展冷热电三联供、余热锅炉、梯次利用等技术，提升能源利用效率。网架层面，对数据中心等直流负荷占比高的园区，当直流电网供电具有经济性时，将逐步向直流配电网发展，并预留交流电网接口；对存在供热负荷园区，可灵活发展综合能源系统，提升能源利用效率。用户层面，双向充放电设备、智能楼宇、冷热电联供技术示范应用，实现能效的综合提升；需求侧响应、综合需求响应等技术具备率先应用的优势条件。储能层面，根据园区用户负荷特点、电价等信息，灵活建设氢储能、电化学储能，实现削峰填谷，降低用户用电成本。二次侧层面，结合本地通信需求，HPLC、无线、电力线载波等本地通信网络迅速发展，为园区资源优化配置提供平台支撑。工业园区关键设备、关键技术发展演变图分别如图 14-7 和图 14-8 所示。

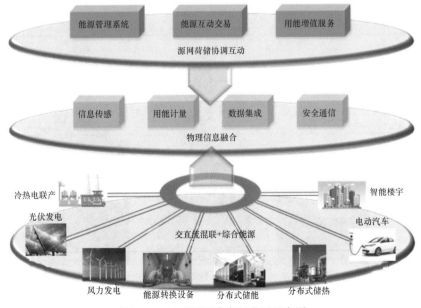

图 14-6 工业园区未来配电网示意图

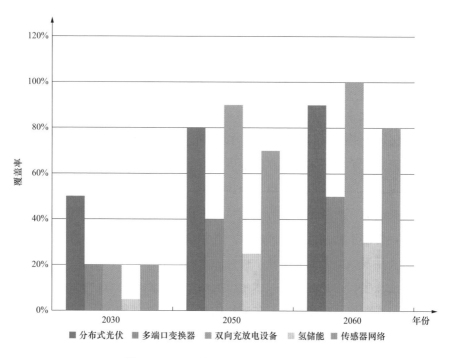

图 14-7　工业园区关键设备发展演变图

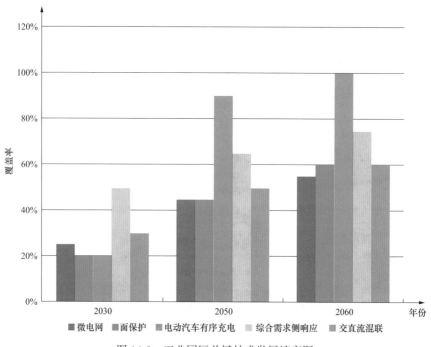

图 14-8　工业园区关键技术发展演变图

为构建工业园区未来配电网形态，建议发展的关键设备有分散式风机、屋顶光伏、多端口变换器、双向充放电设备、氢储能、智能配电终端、传感器网络等；建议发展的关键技术有微电网、电动汽车有序充电、综合需求侧响应、交直流混联等。

第四节 乡 村 地 区

乡村地区未来配电网形态将以微电/能网为主要发展方向。农村地区未来配电网示意图如图 14-9 所示，电源层面，大力发展分布式光伏、风电，因地制宜建设冷热电三联供、电转气、沼气发电等设施，为微电网/微能源网发展提供电力支撑。网架层面，现有辐射式乡村配电网的基础上，平原地区结合负荷密度，逐步加强联络、完善网架结构，山区偏远地区或分布式能源密集区域，形成微电网、微电网群，具备灵活并离网功能，实现微电网群调群控和大电网友好互动。用户层面，结合需求建设充电桩、户用分散式电采暖等设施，提高终端电气化水平。储能层面，在岩穴等特殊地段具备建设大容量压缩空气储能的空间，结合分布式新能源需求，集中式大容量储能与分散式储能并举。二次侧层面，智能配电变压器终端等设备占比提升，4G/5G 等无线通信网络覆盖面提高，为乡村微电网/微能源网发展提供信息支撑。农村地区关键设备、关键技术发展演变图分别如图 14-10 和图 14-11 所示。

图 14-9　农村地区未来配电网示意图

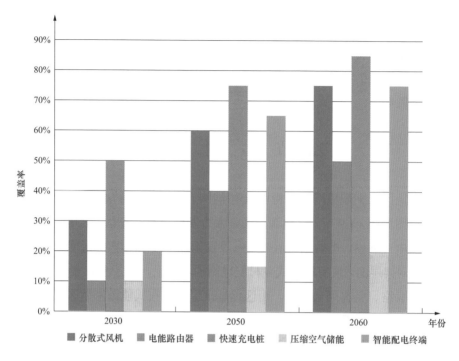

图 14-10　农村地区关键设备发展演变图

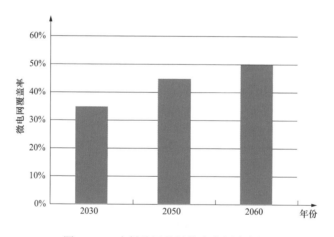

图 14-11　农村地区关键技术发展演变图

为构建农村地区未来配电网形态，建议发展的关键设备有分散式风机、屋顶光伏、电能路由器、快速充电桩、压缩空气储能、氢储能、智能配电终端等；而关键技术主要以微电网和分布式能源为发展核心。

交直流混联未来应用场景示例如图 14-12 所示。

应用场景	组网形式	控制目标
中心城市	交直流能源互联网、商业楼宇智能微电网	支撑联网运行、满足多元负荷供能质量需求
小型城镇/工业园区	建筑小型微电网、工业园区微电网	保障用电安全和可靠性、系统无缝切换
农村地区	风光柴储独立微网	可再生能源利用与微网孤岛稳定运行

图 14-12 交直流混联未来应用场景示例

参 考 文 献

[1] 吕军，栾文鹏，刘日亮，等. 基于全面感知和软件定义的配电物联网体系架构 [J]. 电网技术，2018，42（10）：3108-3115.

[2] 张明霞，闫涛，来小康，等. 电网新功能形态下储能技术的发展愿景和技术路径 [J]. 电网技术，2018，42（5）：1370-1377.

[3] 张磐，李国栋，于建成，等. 智能配用电园区综合能量管理技术研究及应用 [J]. 供用电，2017，34（7）：34-40.

[4] 刘苑红，张磐，马丽，等. 智能配用电园区评价指标体系及评价方法研究 [J]. 供用电，2017，34（7）：49-53.

[5] 康重庆，姚良忠. 高比例可再生能源电力系统的关键科学问题与理论研究框架 [J]. 电力系统自动化，2017，41（9）：2-11.

[6] 王冬，杨永标，黄莉，等. 面向智能电网园区多能源利用的改进夹点算法 [J]. 电力系统自动化，2015，39（21）：18-22，137.

[7] 刘涤尘，彭思成，廖清芬，等. 面向能源互联网的未来综合配电系统形态展望 [J]. 电网技术，2015，39（11）：3023-3034.

[8] 盛万兴，段青，梁英，等. 面向能源互联网的灵活配电系统关键装备与组网形态研究 [J]. 中国电机工程学报，2015，35（15）：3760-3769.

[9] 李雅洁，宋晓辉，孟晓丽. 模式化配电网紧急控制方法 [J]. 电网技术，2013，37（4）：1134-1139.

[10] 王广辉，李保卫，胡泽春，等. 未来智能电网控制中心面临的挑战和形态演变 [J]. 电网技术，2011，35（8）：1-5.

[11] 李威，丁杰，姚建国. 智能电网发展形态探讨 [J]. 电力系统自动化，2010，34（2）：24-28.

[12] 张世翔，吕帅康. 面向园区微电网的综合能源系统评价方法 [J]. 电网技术，2018，42（8）：2431-2439.

[13] 吴琳，关润民，庄剑，等. 智能配用电园区整体设计及关键技术 [J]. 供用电，2017，34（7）：2-8.

第十五章　新型配电系统发展典型示范

第一节　多站合一变电站示范

为践行绿色建设和科技引领方针政策，某公司以建筑信息模型（Building Information Modeling，BIM）技术和物联网技术为依托，建设了一座集创新驱动、绿色协调、开放共享、能源互联、党建引领于一体、国内领先的城市智慧变电站，实现项目进度、安全、质量等数字化管理和智能型管控，成功打造区域首个实体变电站与数字变电站孪生移交工程。

一、项目背景

该城市智慧标杆站位于某市区东南部，总建筑面积 2171.8m²，周边有 4 座 220kV 变电站和 2 座 110kV 变电站。该站规划供电区域目前由 2 座变电站 15 回 10kV 线路供电，近期主要为房地产项目新增负荷。项目占地面积 1200 亩，总建筑面积 280 万 m²，用电类型有回迁住宅、商品住宅、写字楼、商业综合体、住宅配套的学校。总计报装容量约 134.02MW。预测该变电站供电区 2022 年最大负荷达 36MW，到 2026 年达 51MW。该变电站建成后，将大大提高当地供电能力，促进当地经济社会发展，同时优化网络结构，降低线损。

二、解决方案

（一）整体思路

该站融合变电站、5G 基站、数据中心站、充电站、风力发电站、光伏发电站、储能站、智慧体验厅、共享换电站等功能，实现了"九站合一"，并设有综合能源系统和直流微电网生态系统，涵盖"发—供—储—充—用—管—展"各环节。为实现对站内风、光、电、冷、热等能源的实时监测和指挥调度，该站设置了综合能源管控系统，具备平台管理、能源监控、节能诊断、分析预警等功能。

同时，该站为全户内变电站，外形设计充分考虑环境因素，通过去围透绿，将变电站区域打造成开放式公园，与周边园林、社区等环境高度融合。智慧体验厅参照电力展厅布局，满足政府、群众、社会各界团体等人群用电、参观等需求，为市民休闲娱乐、学习参观等活动提供"零距离"接触的互动场所。

该站建成后市区东南区域将增加一处电源点，形成"双环网＋智能分布式自动化配电网络"，大幅提高区域内供电可靠性，缓解当前用电压力，为周边高校、社区、商业用电提供强有力的电力保障。其作为国内领先的多功能城市变电站试点，为今后的城市变电站功能应用和发展前景提供了实践支撑。

（二）具体方案

1. 智慧体验厅

该站智慧体验厅围绕综合能源服务，以"未来生活，能源互联"为主体，共分"能源互联""未来生活""共享共赢"三大中心，设计了分布式能源展示区、CIEMS 大屏展示区、能源案例展示区、智慧用电展示区、智慧楼宇展示区、智慧园区展示区、智慧交通展示区、企业文化展示区八大功能展示区，构建了"一主题、三中心、八大功能区"的综合能源服务共享平台。智慧体验厅效果图如图 15-1 所示。

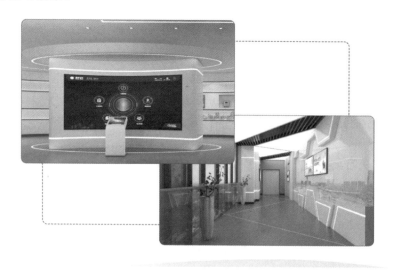

图 15-1　智慧体验厅效果图

2. 变电站

规划新建 110kV 变电站一座，一期建成变电容量 2×50kVA，110kV 线路 2 回；规划 10kV 出线 42 回，采用单母线分段接线，完善 10kV 网架结构，提高供电可靠性。配电网采用"双环网＋智能分布式配电自动化"形式，达到国内一流水平，可高质量满足周边负荷用电需求，服务经济社会发展。变电站效果图如图 15-2 所示。

图 15-2　变电站效果图

3. 共享换电站

利用变电站电力资源优势，在东侧片墙设置 1 面换电柜，配置 10 块规范接口、尺寸电池，以满足周边外卖、快递骑手等配送行业需求，支撑社会化共享资源，提供多功能开放服务。共享换电站效果图如图 15-3 所示。

图 15-3　共享换电站效果图

4. 电动汽车充电站

在变电站南侧道路空地处建设 8 个车位，每个车位配置功率为 120kW 的直流双枪充电桩 1 台，功率为 7kW 的交流有序充电桩 2 台，总功率 134kW。可以为周边居民提供智能、便捷、丰富的电动汽车充放电服务，缓解车主"里程焦虑"的同时降低电动汽车使用成本，助力新基建战略实施。电动汽车充电站效果图如图 15-4 所示。

图 15-4　电动汽车充电站效果图

5. 数据中心站

数据中心站机房面积约 45m²，可放置 14 架机柜，拥有约 1.6 万 T 的存储空间。未来将采用出租方式与相关单位合作，建设一体化服务平台，支撑电网业务，满足边缘计算数据处理需求，培养互联网市场，落实开放、共享理念，助力"新基建"，推进信息化、共享型企业建设。数据中心站效果图如图 15-5 所示。

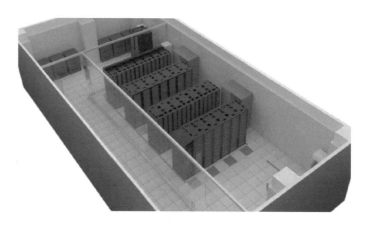

图 15-5　数据中心站效果图

6. 5G 基站

预留 25m²5G 机房及站内铁塔位置，可满足三大运营商 4G、5G 通信基站设备同步布置需求，采用出租方式与铁塔公司合作，纳入运营商 5G 基站布点规划。实现助力城市 5G 网络快速部署，向社会提供数字化服务的目标。5G 基站效果图如图 15-6 所示。

图 15-6　5G 基站效果图

7. 储能站

储能站建设容量为 50kW/200kWh，接入直流微电网系统，作为示范站的能量"稳定器"，储能站可确保负荷用电不受光伏发电的波动性影响，同时起到稳定直流母线电压、储存电能的作用。储能站效果图如图 15-7 所示。

图 15-7　储能站效果图

8. 风力发电站

站内设置两台风光互补智能路灯，采用模块化设计，以灯杆为载体，实现清洁能源发电功能。该项目整合风、光、储等能源系统，实现风光互补协调运行，在满足照明的基础上，充分利用可再生清洁能源，降低站区运行成本，推动管理节能和绿色用能。

9. 光伏发电站

充分利用屋顶空间,结合屋顶表皮方案建设光伏发电站,预计年发电量达到 6 万 kWh,可有效满足站内用电需求,实现绿色清洁能源的生产和消纳,达到节能减排的目的。光伏发电站效果图如图 15-8 所示。

图 15-8　光伏发电站效果图

10. 直流微电网生态系统

为示范和引领低压直流生态,设置直流微电网生态系统。将风力、光伏发电接入直流微电网,配置小型储能设备平抑新能源发电的输出能量波动,起到稳定直流微电网母线电压的作用。直流微电网效果图如图 15-9 所示。

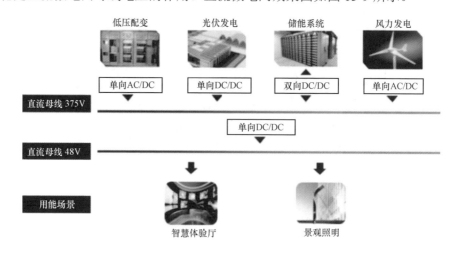

图 15-9　直流微电网效果图

三、效益分析

该站坚持因景得益的建设理念，建成投运后将与周边城市人文景观、自然景观、生态规划相协调，同时所在区域将形成"双环网＋智能分布式自动化配电网络"的网架结构，有效提升区域供电可靠性，满足周边电网调度中心等重要负荷需求，有力推动区域社会经济协调发展。

该站形成了设计理念"七个特点"，即创新、协调、绿色、开放、共享、能源互联、智慧运维；建设过程"五大示范"，即进度精准管理示范、安全文明管理示范、一流质量管理示范、造价精准管理示范、保障体系管理示范；建设成果"四张名片"，即红色党建、绿色施工、智慧工地、队伍建设；管理过程"十项亮点提炼"等系列策划成果，为解决城市变电站落地难等问题提供了可行思路。

第二节　工业需求侧响应典型示范

从国家发展看，未来一段时间内工业化仍是经济发展的主流。2021年，全国多地出现电力供应紧张情况，如何保障工业行业用电安全稳定，维持工业持续稳定发展局面，成为现阶段电力领域面临的重大问题。基于上述背景，某县建设工业需求侧响应平台，深挖需求侧响应潜力，探索电力保障新方法。

一、项目背景

该县是重要的钢铁、铸造、水泥等重工业聚集区，工业负荷、电量占比分别达 82%、93%，工业特性明显。目前该县面临着钢铁企业退城进园、工业转型升级、能源清洁发展等迫切任务，局部电网也面临着用电负荷快速转移或提升、园区峰谷差大、企业用电效率不高等问题。针对现状，该县提出构建面向工业转型的新型电力系统示范区，打造涵盖系统构建、负荷调节、网荷互动、绿色交通、灵活储能等领域的试点示范集群，探索一条工业地区新型电力系统发展道路。

（一）区域概况及资源情况

1. 经济社会发展概况

2020 年，该县总人口 84.61 万，辖 22 个乡镇，1 个省级工业园区，502 个行政村，生产总值完成 667.8 亿元，县域经济综合实力位居全国百强。人均国内生产总值 GDP 达 7.89 万元/人，城镇化率达到 55%。

2. 能源资源条件

该县内化石能源资源非常丰富，是全国 58 个重点产煤县（市），已探明储量达到 23 亿吨。工业企业化石能源消费主要以原煤和天然原油等非清洁能源为主。

（1）煤炭。该县的煤炭和铁矿储量都极为可观，是中国重点产煤县市，煤炭储量达 23 亿吨。

（2）成品油。该县成品油主要由省外购入，年成品油消费量 32.6 万吨，主要为工业生产用油和机动车用油。

（3）天然气。天然气的主要供应商为中石油和中石化，主要气源来自"西气东输"冀宁联络线。

该县可再生能源以太阳能、风能等形式为主。

（1）太阳能。该县太阳能资源为全国第三类地区，年均太阳辐射总量约为 4521.5MJ/mm²，日照时数在 2000～2200h。

（2）风能。该县属于丘陵地区，风能资源较为丰富。

（二）电网概况及存在问题

1. 电网概况

该县共有 2 座火力发电厂，7 座企业自备发电厂，4 座水电站，4 座光伏地面电站，其中电压等级为 220kV 的 1 座，110kV 的 1 座，35kV 的 6 座，10kV 的 11 座，装机总容量为 1041.33MW。

该县现有 500kV 变电站 1 座，主变压器容量 2000MVA；220kV 变电站 7 座，主变压器容量 3000MVA；110kV 变电站 22 座，主变压器容量 2659MVA；35kV 变电站 46 座，主变压器容量 1626.9MVA；10kV 配电变压器 6567 台，容量 2894.1MVA。

2. 发展面临的问题

（1）根据 2022 年国家工业和信息化部、发展改革委、生态环境部三部委《关于推动钢铁工业高质量发展的指导意见》我国 80%以上钢铁产能完成超低排放改造，吨钢综合能耗降低 2%以上，水资源消耗强度降低 10%以上，任务目标更加迫切。钢铁工业是该县的支柱产业，也是碳排放最高的行业，为推动

"碳达峰、碳中和"战略落地，需要优化清洁能源供给，大规模应用低碳技术，推动优化钢铁工业用能结构及工艺流程。

（2）该县是工业聚集区，第二产业占该县生产总值比重达 60.9%，且现有企业多为"两高"企业，空气质量治理难度较大。为了全力打好大气污染防治攻坚战，需要发挥电网作为清洁能源汇集传输和转换利用的枢纽作用，推进工业领域电气化和用能高效化。

（3）长期以来，该县工业发展较多依赖钢铁、铸造等行业产能提高和生产规模扩大。该县 2020 年总供电负荷占该市全网最大负荷的 26%；供电量占到该市总供电量的 29%；GDP 占该地区的 18%，单位 GDP 能耗远高于全市平均水平。在国家加快转变经济发展方式的背景下，行业竞争格局日益激烈，降低企业能耗，深挖内部潜力，提升经营质效，在新时期具有更重要的现实意义。

（4）该县部分变电站重载运行。但供电负荷在不同变电站站间、同一变电站不同时刻间波动较大，且变电站的整体利用效率不高。

二、解决方案

（一）整体思路

该县重点建设某片区纯电重卡集群控制、园区工业负荷柔性控制两个示范工程，形成涵盖绿色交通、系统调节、网荷互动、智能微电网、灵活储能等多领域的新型电力系统试点示范集群。

1. 纯电重卡集群控制

结合片区电动重卡数量多、充电需求大的现状，发挥电动汽车的电力海绵储能作用，建设具备纯电重卡超快速充电、功率自调节和反向送电等领先技术的光伏一体式智慧充换电站，形成纯电重卡"电力海绵"集群控制，打造柔性"电力海绵"系统。

2. 工业园区负荷柔性控制

以该县开展工业转型升级、钢铁企业退城进园工作契机，发挥电网和用电企业互动潜力，聚合储能、自备电厂、分布式发电等虚拟电厂资源池，通过多种手段引导企业转移尖峰负荷，以往被动的"有序用电"和"限电"，变为主动的"源网荷互动"，辅助实现园区综合能源开发、高耗能企业有序用电潜力检测、碳排放指标监控等功能，树立工业能源互联网标杆和样板。

（二）详细方案

1. 纯电重卡集群控制示范区

该项目结合该地区电动重卡数量多、充电需求大的现状，结合区域规划建设 6 座纯电重卡充换电站，发挥电池储能作用，实现充放电有序集约调控，助力削减尖峰负荷和光伏消纳，打造柔性"电力海绵"系统。

（1）构建思路。

1）电网建设方面。根据片区现状电网运行负荷和光伏出力情况，搭建专线供电和混合供电结构，在保证供电能力的前提下优化变电站和 10kV 线路负荷特性，缓解充电负荷所带来的冲击，实现光伏出力 100%就地消纳。

2）充换电技术方面。在充换电站中融合先进的充放电理念和技术，集成适用于纯电重卡的超快速充电、充换电功率自调节和反向送电技术，实现领域内首台首套应用；在充电站车棚、换电站屋顶建设分布式光伏，实现光伏发电与充换电一体化应用，打造成融合先进技术的光伏一体式智慧充换电站。

3）调控系统方面。开发纯电重卡集群控制电力海绵系统，实现电网、大用户、分布式光伏、充放电站的实时监控，具备自动控制电池充放电时间、功率，以及智能调整光伏出力等功能。

4）商业模式方面。探索电网企业主导型、运营企业主导型、用户主导型、政府主导型等运营模式在片区的可实施性；推进纯电重卡充放电可调资源池建设，构建灵活组合、动态稳定的电动汽车负荷虚拟机组；拓展 V2G 和纯电重卡电池储能技术应用，推动参与需求响应和电网辅助服务；探索电动汽车参与电力市场、辅助服务市场交易模式等，吸引社会投资，打造新型商业投资和多样化盈利模式。

（2）构建区域。片区位于该县东南部，占地面积 7.02km²。目前正在建设的纯电重卡充电站 2 座，规划建设充电站 4 座，总报装容量 27800kVA，建成后充电负荷可占片区内总负荷的 30%以上。片区内分布式光伏 1 座，为区域屋顶光伏，并网容量 5.98MW。园片区变电站、充电站布局图如图 15-10 所示。

2. 工业园区负荷柔性控制示范区

本项目充分利用工业转型升级、钢铁企业退城进园等工作持续推进的有利背景，全面梳理用户二级负荷分布和可调节空间，发挥电网和用电企业互动潜力，同时聚合储能、自备电厂、分布式发电等虚拟电厂资源池，通过多种手段引导企业转移尖峰负荷，变以往被动的"有序用电"和"限电"为主动的"源网荷互动"，削减电网峰谷差，进而减少电网备用容量，提高电网利用效率。

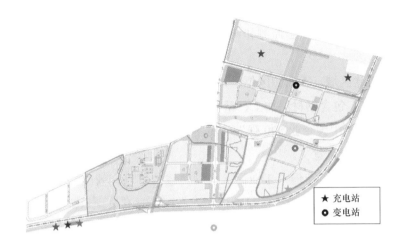

图 15-10 园片区变电站、充电站布局图

（1）构建思路。通过调研典型用户生产工艺，明确工业生产柔性负荷潜力。开发系统级柔性负荷调控平台，实现典型用户的小时级负荷预测、柔性负荷潜力预测，电网重过载风险预警等功能。同时，依托"源网荷储"设备运行情况，创新性地以柔性负荷调节作为主要技术手段，生成调控方案，实现错峰用电的目的。具体步骤和思路如下：

1）提升设备水平方面。一是与用户沟通，在用户二级负荷加装终端装置，实现烧结、轧钢等可调负荷，以及制氧、炼钢等不可调负荷实时可观可测；二是与社会投资方沟通对接，研究引进社会资本建设大型储能电站，进一步提升系统调峰能力。

2）调控系统建设方面。搭建柔性负荷调控平台，实现电网负荷、用户二级负荷以及各类发电、储能出力监控，具备小时级负荷预测、用户可调负荷邀约响应、企业有序用电潜力检测、高耗能企业碳排放指标监控等功能，实现"源网荷储互动"，削减电网峰谷差。

3）技术方法方面。开展小时级负荷预测研究，构建工业用户负荷模型，建立精确至小时级的负荷预测特性曲线，以及工业生产柔性负荷调控潜力曲线。在满足行业生产调控限制的条件下，结合"源网荷储"等设备的运行情况，生成资源最优化的调控方案。

4）创新商业模式方面。与工业园区政府、各工业用户对接，综合各方利益，以用户柔性负荷参与不同时间尺度的响应特性和匹配能力为基础，通过对邀约用户柔性负荷的状态监测和调控效益评估，形成需求响应可持续效益补偿模式。

（2）构建区域。工业园区位于该县西部，规划占地面积 38.44km²。现有入驻企业 18 家，包含钢材深加工、精密铸造、智能装备制造等主导产业。其中，2 家企业入围"中国企业 500 强"，3 家企业入围"中国民营企业 500 强"。

（3）创新示范意义。

1）通过柔性负荷调节工业园区电网负载，可以有效改善生产旺季因电网负载过重而导致的供电能力不足的问题，在国内具有典型示范意义。

2）将自备电厂、分布式光伏、储能设施进行统一管理，形成一体化虚拟电厂资源池，可实现秒级、分钟级、小时级等多时间尺度的可调可控，精准提供调峰、调频、调压等多品种辅助服务。对工业能源互联网的建设，以及骨干网络的稳定运行带来示范性的积极作用。

3）工业负荷的柔性控制结束了长期以来负荷只能被动接受调节的历史，对改善供需矛盾，保障系统安全可靠运行具有重要意义，实现了用电方与供电方的双赢，为今后电网发展建设提供现实依据和案例参考。

4）持续拓展和深化系统平台，形成区域级智慧能源管理系统，实现用户级能效分析管理，推进整个社会参与"互联网＋智慧能源服务"，支撑以电为中心的能源业务、以数据为中心的企业中台和以客户为中心的市场体系，形成新型的商业模式。

三、效益分析

（1）通过促进清洁能源开发利用、提高企业用能效率，减少碳排放，助力该县钢铁企业 2025、2028 年实现碳达峰目标。

（2）通过现代化电网建设，构建园区智慧能源系统，为园区用能提供最优配置方案，用能安全性、可靠性显著提升，预计"十四五"末园区供电可靠性达到 99.99%以上。

（3）通过提高企业用电和综合能源利用效率，降低企业用能成本，提高市场竞争力，争取"十四五"末园区企业整体能源强度降低5%以上。

第三节　渔光互补典型微电网示范

为落实党中央乡村振兴战略的要求，推动现代能源体系建设，某典型县将新型电力系统建设与农民生产、农村生态建设相结合，建设渔光互补典型微电网，推动光伏＋农业协调发展。

一、项目背景

（一）区域概况及资源情况

1. 经济社会发展概况

该县供电面积880km²，辖城区、产业园区、经济技术开发区等多个重点发展区域，全年生产总值397.8亿元，年末总人口14.8万人，人均GDP达到26.88万元/人，城镇化率75.54%。

2. 能源资源条件

（1）气候条件。该县属于暖温带半湿润大陆性季风气候，受海陆位置和季风环流影响，四季分明。春季干旱多风，夏季炎热多雨，秋季天高气爽，冬季干冷少雪。

（2）风能资源。该县平均风速为4.85～6.16m/s，风功率密度为125.10～257.23W/m²，该县有丰富的风力资源，风能资源由北向南呈递减趋势。

（3）太阳能资源。该县每m²年均太阳辐射总量1328kWh/m²。日照时间较长，年均日照时数为1316h，日照率为60%，有利于开展太阳能光伏发电等项目。可发电量为11.50亿kWh/年。

（4）水资源。海水资源丰富，适宜潮汐能发电，可发电量达10.10亿kWh/年。

（二）电网概况及存在问题

区域内共有500kV变电站1座，容量2000MVA；220kV变电站5座，总容量2400MVA；110kV变电站11座，总容量1191MVA；35kV公用变电站11座，总容量213.9MVA；10kV配电变压器3691台，容量1911.90MVA。共有648户装有分布式光伏，总容量29.486MW。该县风电和光能储量丰富，新能源资源丰富，但尚未完全开发。

该县地处沿海，寒潮大风、雨雪冰冻等恶劣天气多发，所辖化工、制造等高危及重要用户较多，一旦发生安全事件，将会造成严重的次生灾害和社会影响。用户的终端电气化水平有待提升，区域电能需求大、替代潜力大。随着经济社会发展，电力系统面临供电保障难度加大、调节压力增大、配电网运行控制复杂等多重困难，亟需利用新技术探索解决新途径。

二、解决方案

（一）整体思路

以该县某养殖场为示范点，由于片区位于沿海地区，电力线路腐蚀较为严重，导致沿海地区线路故障频发，给需要恒温运行的养殖场带来较大损失。以提高区内供电可靠性为目的，在养殖场内建设分布式屋顶光伏及水上分布式光伏，为养殖场提供清洁电力供应，建设储能装置及能源管理系统，实现区域内电网与负荷群调群控，实现"渔光"互补，推动水产养殖转型升级。

本示范项目以"源—网—荷—储"协同发展前提，充分考虑渔业养殖孵化基地的特点及用电需求，通过改变传统能源电力的配置方式，加强信息化、智慧化、互动化改造，满足区域内用电需求的同时，可以更好适应新能源发展需要。

（二）详细方案

1. 示范区概况

（1）示范区选取。本次规划区域为该养殖场，该养殖区占地4000亩，有着得天独厚的地热及海淡水资源优势，拥有现代化地热大棚50座、面积150亩，育苗、良种选育车间四座、面积3000m²；工厂化海水养殖车间18000m²，主要进行罗非鱼、半滑舌鳎、虾等鱼苗的选育、养殖、放流工作。

现状该区域有10kV供电线路2条，形成单联络网络结构。1号线路总长度23.44km，主干型号LGJ-120，线路负载率50.95%。2号线路总长度8.36km，主干型号LGJ-120，线路负载率33.5%。共有供电配电变压器5台，总容量1065kVA。2020年最大负荷0.12MW，供电量合计30万kWh。示范区现状电网地理接线图如图15-11所示。

（2）示范区发展需求。区域负荷类型众多，包括循环水车间、车间、兑水池、科普体验馆、兑水池、蓄水池、主题广场、休闲渔业区等。该区域用电负荷较小，光伏可开发容量远远超过最大负荷需求，但对供电可靠性要求较高，区域内养殖区需要恒温养殖，一旦停电将造成区域内大量育苗受损，影响经济成本。

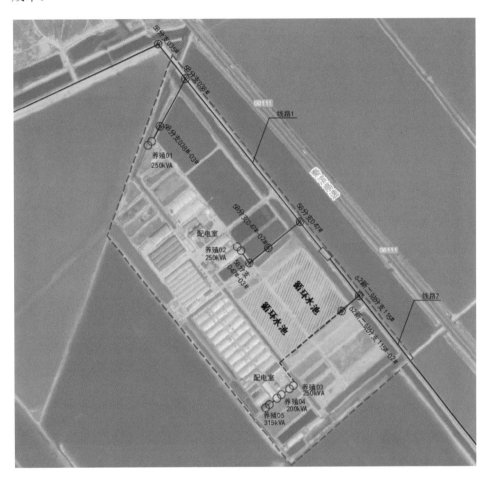

图 15-11 示范区现状电网地理接线图

2. 工程建设内容

基于"源—网—荷—储"协调互补的思路，建设屋顶光伏和水上光伏，提升能源供应清洁化水平；新建储能设施，平滑新能源出力波动性，提升源网荷储协同运行水平；建设配电变压器，将区域内水上光伏接入；建设电动汽车充电桩、增氧机等电气化设备，提升终端电气化水平；建设能源管理系统，实现区域电网多种能源耦合互补、多元负荷聚合互动，提升区域电网内部自平衡能

207

力、供电可靠性和新能源消纳能力，促进电网与农业生产生活相结合。示范区规划电网地理接线图如图 15-12 所示。

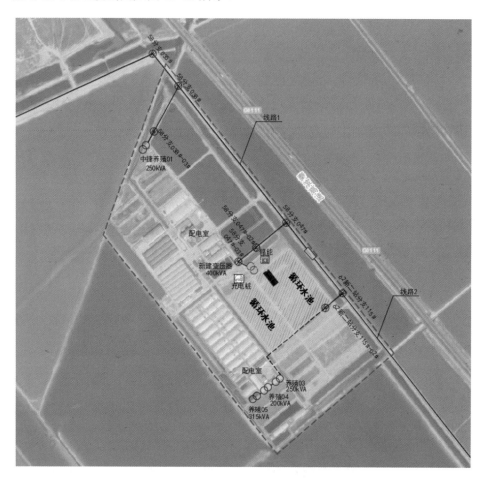

图 15-12　示范区规划电网地理接线图

（1）能源网架体系建设。池塘 2 号循环水池总面积达到 53280m²，可安装光伏面积占一半以上，池塘水面 1020m²。电源侧，建设屋顶光伏和水上光伏，容量合计 200kWp。电网侧优化 2 号配电变压器用电区域，新建 400kVA 柱上配电变压器 1 台，满足新增分布式光伏接入需求；在新建配电变压器旁，建设 500kWh 储能，平衡新能源出力波动性；用户侧新建充电桩 2 个，对区域内车间、循环水池等设备供电，提升区域能源供应清洁化水平和能源消费电气化水平。电网拓扑结构图如图 15-13 所示。

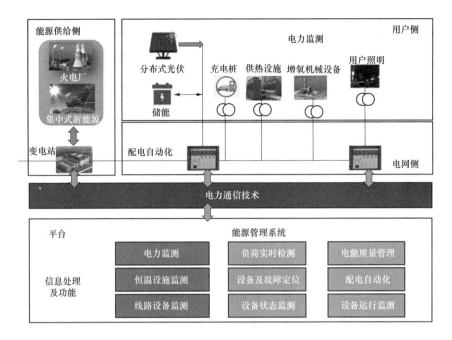

图 15-13 电网拓扑结构图

（2）信息支撑及价值创造体系建设。建设 1 套微电网管控系统，具备远端数据采集、处理应用、安全防护等功能，提供可视化人机交互界面，实现微电网系统各设备运行状态可视可控和微电网的群调群控。微电网能量管理系统如图 15-14 所示。

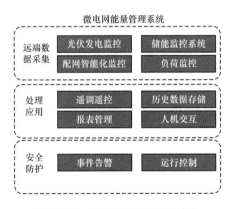

图 15-14 微电网能量管理系统

1）远端数据采集。主控系统能够采集微电网内光伏、储能、配电网和负荷等实时运行数据和运行状态。

光伏发电监控系统可以实时显示当前发电总功率、日总发电量、累计总发电量、累计 CO_2 减排量、日发电功率曲线图、光伏逆变器直流电压、直流电流、功率因数、等运行参数。

储能系统由储能电池、BMS、PCS、监控系统组成。储能监控系统可以实时显示储能当前可发电量、可充电量、最大放电功率、当前放电功率、可放电时间、总充电量、总放电量等运行数据，实时显示储能双向变流器的运行状态、保护信息、告警信息，实时显示储能双向变流器的电池电压、电池充放电电流、交流电压、输入输出功率等信息，并能对电池充放电时间等信息进行遥调，对充放电状态进行遥控。

配电网智能化监控系统利用一、二次融合开关，智能终端等设备，采集线路、环境安防等全景状态，将数据转发至微电网管控一体化平台。

负荷监控系统实现对负荷运行信息和报警信息的全面监控，并对负荷进行多方面的统计分析。

2）处理应用。遥调遥控管控系统能够对底层微电网进行远程控制和策略设置。历史数据存储管控系统配置超大容量硬盘，采用商用数据库软件对历史数据进行分类存储。报表管理管控系统支持历史数据曲线和表格两种查询方式，具备报表导出功能。人机交互管控系统提供人机交互界面，对系统进行实时监控和历史数据处理。

3）安全防护。事件告警管控系统提供多种告警方式，当系统出现模拟量越限、数字量变位、通信系统自诊断故障时，在监控界面弹窗并闪烁，通知管理员进行处理。运行控制管控系统提供微电网群并离网切换控制、微电网群协调运行控制、离网下群调群控、分布式电源功率波动平抑控制等控制策略。

三、效益分析

（1）建设分布式电源，可实现孤岛运行，保证了用户负荷的供电可靠性，解决了因沿海区域腐蚀线路检修等导致的停电问题，助力该养殖场用户年增收1 万～2 万元。加强储能设施建设，既能削峰填谷，又可以减少弃光弃风现象。区域新能源消纳情况达到 100%，实现"源网荷储用"的协调优化运行。

（2）通过优化利用分布式电源等清洁资源，推进开发电动汽车等新兴资源，打造"绿色低碳、安全可靠、互联互通、高效互动"的"低碳示范区"，减少化石能源的消耗，推动煤炭消费尽早达峰。示范区清洁能源年发电量可达 17 万 kWh，折合标准煤 51t。

第四节　典型山区微电网示范

近年来，随着光伏等新能源的快速发展，部分地区已出现功率反送甚至反向重过载情况，严重影响电网安全稳定运行。为满足大量新能源的接入及消纳需求，提升农村地区用电质量，某县提出利用能源互联网技术，建设以"开关站＋储能＋边缘控制中心"为主要内容的虚拟变电站，提高革命老区供电能力和可靠性，减少弃光，增加光伏扶贫项目收入，探索边远山区电网建设轻资产发展新模式。

一、项目背景

在乡村振兴和"碳达峰、碳中和"战略的叠加影响下，乡村新能源并网规模快速增长，乡村电力系统日益朝着农网强支撑、整县自平衡、分区广互联的方向发展，电网企业承担着探索传统农网向乡村新型电力系统跨越式升级的可行模式的使命。针对上述情况，选取某乡村为例，积极谋划虚拟变电站示范项目，探索乡村振兴背景下新能源为主体的乡村电网发展新模式。

（一）区域概况及资源情况

该乡属于深山区乡镇，辖 34 个行政村，68 个自然庄，总人口 11000 人。全乡交通便利，通讯畅通，有移动基站 12 座。乡委乡政府坚持把脱贫攻坚作为底线任务，精准施策做产业、抓帮扶，探索了"乡村旅游＋扶贫""农业园区＋扶贫""林果经济＋扶贫""光伏产业＋扶贫""美丽乡村＋扶贫"五种扶贫新模式。

（二）电网现状及存在问题

该乡主要由一条 10kV 线路供电（一条主干线和两条分支线），处于配电网末端，线路挂接配电变压器 100 台，总容量 13.625MVA，2021 年线路最大负荷为 0.8MW；扶贫光伏总计 1.5MW，安装村级光伏后，现状电网存在以下问题：

（1）电压波动大。光伏电源本身具有较大的波动性，由于缺少整体的电力电量平衡及调度机制，能量倒送造成上级电网频繁调压甚至重过载现场时常发生，给电网安全运行带来挑战。

（2）网架结构弱。该乡仅由一条 10kV 线路供电，线路为单辐射供电，供电距离为 29.58km。若发生线路故障，易造成全乡停电，影响居民正常生产生活。

（3）消纳能力弱。该地区用电负荷水平低，地区负荷仅有 0.8MW，2017年扶贫光伏接入电网后，该地区出现光伏发电能量上送现象，引起过电压问题，部分上级 110kV 变电站、35kV 变电站因光伏上送出现反向重过载问题。

二、解决方案

（一）整体思路

为解决上述问题，按照传统发展思路，需要在该乡规划建设一座 35kV 变电站，但必要性不强、投资过大，且难以解决光伏上送重过载、电压不稳定等问题。针对传统做法的缺点，电网公司创新提出利用能源互联网技术，建设以"开关站＋储能＋边缘控制中心"为主要内容的虚拟变电站，计划通过两期工程建成该典型山区微电网。

（二）总体方案

通过建设网源储系统，在不对现有电网改造的前提下，供电能力第一期建设完成后达到 6MW，远期建设完成后达到 20MW，效果相当于建设 1 座 35kV变电站。具体如下：

（1）建设开关站。依托乡镇供电所地理位置，在主干线与两条分支线汇集处新建开关站，进出线布置为 2 进 4 出，第一期接入 1 条进线，预留第二进线设备。将 3 条分支线分别改造为 3 条出线，其中 1 路接入储能电池。

（2）建设储能电池装置。储能电池安装地址位于该乡供电所北侧，预留两组电池位置，第一期建设一组，电池容量 2MWh，最大充放电功率 1.5MW。远期新建 1 条 10kV 线路、扩建一组储能电池装置，容量 2MWh，最大充放电功率 1.5MW，远期建成后虚拟变电站可提供约 20MW 输送功率。

（3）改造村集体扶贫光伏。通过安装控制系统自动调节无功功率，解决部分电压越限问题。光照充足时针对光伏电源并网点附近节点电压越限现象，根据光伏出口电压调节光伏逆变器无功出力，抑制光伏并网点电压越限现象发生。同时安装可控开关设备，通过远程控制实现并网和离网，在储能与光伏孤岛运行时，防止光伏有功功率较大导致储能过充，系统崩溃的现象发生。

（4）安装综合控制系统。在每个光伏并网点布置 1 台分布式电源协调控制单元，光伏逆变器、虚拟变电站边缘控制系统、调度等逐级之间，通过电力线载波、光缆或无线公网、光纤实现通信。虚拟变电站示意图如图 15-15 所示。

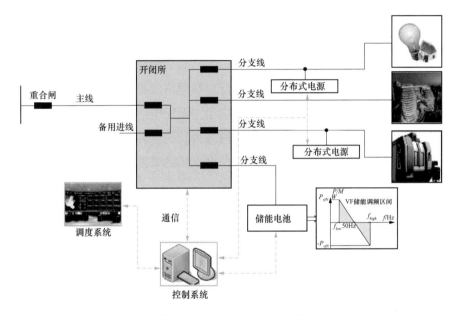

图 15-15　虚拟变电站示意图

（5）建立边缘计算控制服务中心系统。运用多源互补、边缘计算、现代通信等技术，将电源、负荷、构建软硬件一体的"配电网边缘控制服务中心"，提供一键黑启动、配电网可靠性分析、分布式电源全景感知及智能预测、电压自治、平滑联络线功率、并/离网保护自适应、为用户提供精细化的定制服务等一系列边缘控制服务。

（三）技术应用

1. 构建基于"源网荷储用"智能协调虚拟变电站的微电网系统

以"配电网边缘控制服务中心"为核心，结合储能、分布式电源、保护自动化装置等设备构建"源网荷储用"智能协调虚拟变电站建设方案，提出"源储互济"和"即断即愈"的有源配电网运行策略，将传统配电网改造为"可并网、可离网、运行方式灵活、供电能力强、可靠性高"的"有源自治自愈配电网"。

2. 泛在物联网技术应用

该项目具有四大技术应用:

(1)在感知层实现状态自感知"智能采集,就地控制"。部署了基于边缘计算的分布式电源本地化智能采集控制模块,应用 HPLC 通信技术实现分布式电源全景感知及智能预测,电压自治、状态评估等服务,有效解决分布式电源长期处于弱管理的状态。

(2)在网络层实现网络自配置"异构融合,边缘物联"。采用基于 4G、HPLC、光纤专网的异构融合通信网络,可对边缘侧数据格式进行标准化处理,再上传到上层进行解析,简化了数据管理,提高了主动配电网中海量异构数据的处理能力。边缘控制服务中心可以实现与各网络协议的兼容。支持多种分布式电源的接入与灵活扩展,能够集成和适配多厂商设备的管理。实现网络自动配置,设备即插即用,保证边缘网关的互联互通。

(3)在平台层实现算法自优化"机器学习,实时优化"。基于机器学习等人工智能算法,研发了"配电网边缘控制服务中心",可在电网不同运行方式下,根据电网潮流大小和方向,分布式发电功率预测等数据,对运行策略进行实时优化,实现平滑联络线功率,保证电力电量平衡。

(4)在应用层实现电网自愈合"多源互补,自治自愈"。以"边缘控制服务中心"为核心,构建"源网荷储用"智能协调虚拟变电站,提出"源储互济"和"即断即愈"的有源配电网运行策略,将传统配电网改造为"可并网、可离网、运行方式灵活、供电能力强、可靠性高"的"有源自治自愈配电网"。

三、效益分析

(一)经济效益

(1)有效增加革命老区人民收入,助力政府打赢脱贫攻坚战。2020 年该乡光伏利用小时数约为 1000h,本项目建成投运后利用小时数大约提升至 1200h,增加收益约 20.4 万元。

(2)有效减少电网投资成本。通过储能虚拟变电站的建设,可以节约电网投资 75%,增强投资精准度,同时提高供电可靠性。

(3)改善电能质量。通过虚拟变电站,合理调控储能电池充放电和逆变器无功功率，可消除电压越限等电能质量问题，提升光伏电能使用率达到100%。

（二）生产效益

（1）有效改善配电网运行状况。通过调节逆变器无功出力实现区域分布式电源"自治调压"，解决高渗透率分布式电源入网带来的电压越限问题，降低了电网故障的风险。

（2）供电能力实现翻一番。原有线路容量输送约3000kW，"光伏＋储能"可以提供约3000kW出力，项目实施后输送功率将实现翻番，为将来老区旅游开发，工商业用电提供了充足的保障。

（3）减少故障停电时间。以该乡10kV线路为例，项目实施前年均线路故障15次，停电时间1095min，通过虚拟变电站进行故障研判，快速隔离故障，通过储能装置对非故障区恢复供电，停电时间减少了876min。

（三）社会效益

（1）提升用户体验，保证可靠用电。通过基于"边缘控制服务中心"虚拟变电站，可以降低过电压风险，电能质量显著提高，用能质量得到保障。虚拟变电站所提供的"即断即愈"服务也可以大大减少故障时的停电时间，保证用户尽可能地可靠安全用电。

（2）提高新能源消纳，促进绿色用能。基于"边缘控制服务中心"虚拟变电站项目的应用将极大提高新能源的消纳，减少分布式电源停机的风险，增加分布式电源的并网时长，显著提高清洁能源消费的占比。

第五节　基于数据驱动的典型微电网

随着能源革命和数字革命的融合发展，能源电力系统中的数据信息量增长迅速，可挖掘的数据价值潜力巨大。因此在某村试点建设基于数据驱动和分布式自律—协同控制的智能微电网示范工程，试验配电网态势感知、分布式自愈控制等新技术，解决末端配电网物理参数信息不完备、供电可靠性低、扶贫光伏接入引起的电压质量问题，提升区域供电能力和分布式光伏消纳能力。

一、项目背景

偏远地区等末端配电网由于网架结构薄弱、季节性负荷明显等因素，存在供电可靠性较低、供电能力不足等问题。同时，在光伏扶贫等政策的支持下，近年来农村地区光伏装机容量不断提高，局部配电网出现潮流倒送、电压越限等现象，给末端配电网的优化运行带来很大挑战。选取某村为试点，建设基于数据驱动的微电网，示范配电网数据驱动态势感知、分布式自愈控制等新技术，积极探索末端配电网低成本量测与智能感知的解决方案，促进现代化农村绿色能源体系建设。

（一）区域概况及资源情况

1. 经济社会发展概况

项目区域位于西部山区，区域总面积 229.5km²，耕地面积 6485 亩，林地面积近 18.52 万亩，山场 32.44 万亩，森林覆盖率达 80%，素有天然氧吧之称；区域总人口 2337 户、6654 人，辖 13 个行政村，42 个自然村。

2. 能源资源条件

（1）气候条件。该县属于暖温带大陆性季风气候，受太平洋副热带高压和暖气流影响，冬季寒冷少雪、春季干燥多风、夏季炎热多雨、秋季凉爽多风，多年平均气温 12.6℃。

（2）太阳能资源。区域日均峰值日照时数约 4.12h，年峰值日照时数约 1503h，折算日照总时数约 2147h，水平面总辐射年度约为 1502.66kWh/m²，属于三类太阳能资源区，适宜开发光伏。

（二）电网概况及存在问题

（1）供电可靠性低。示范区域境内共有 1 条 10kV 线路，为单辐射接线，部分分段发生故障时，不能有效转移负荷，供电可靠性较低。2020 年故障停电 6 次，主要是由恶劣天气引起的末端线路跳闸。

（2）存在低电压和线损高问题。示范区域所处地理环境恶劣，线路沿山区道路敷设，线路长度较长，网损较高并且局部时段存在末端低电压等问题。如某线路全长 99.34km，其中主干线路长 25.65km，分支线路总长 73.69km，供电距离最长达 30.65km。该线路理论线损值为 5.29%，实际电力损耗达 8.41%，影响电力运行经济性。

（3）分布式光伏消纳受限。截止到 2020 年底，示范区域共计接入分布式光伏 4.2MW。大规模分布式光伏接入影响线路电压分布，且随着并网点与始端距离的延长，电压变化幅度逐渐增大，引起系统电压闪变与波动等问题。

二、解决方案

（一）整体思路

以"数据感知、绿色供电、自律协同"为核心理念，以提高新能源消纳能力和系统运行效率为目标，建设智能微电网示范工程，部署分布式协同控制系统，开展数据驱动的配电网态势感知、微电网自愈能力提升、配电网分布式自愈控制方法等技术试点，提升扶贫光伏消纳能力，实现源网荷储协同运行，打造多微电网互通互济、分布式自律协同的新型绿色农村能源体系，推动农村电网向能源互联网转型升级，助力乡村振兴。

（二）详细方案

1．工程建设内容

（1）建设内容。

工程主要从电源侧、电网侧、负荷侧和储能侧四个方面开展。

1）电源侧。改造微电网内部光伏电站和分布式光伏，为微电网本区域绿色智能微电网运行提供电源和离网独立供电保障。

2）电网侧。根据负荷重要性、负荷总量、光伏发电功率等因素，结合线路主干、分支情况，通过建设 3 台配电开关监控终端（Feeder Terminal Unit，FTU），将试点区域划分为 2 个供电分区，通过微电网系统的建设显著提升电网供电可靠性。

3）负荷侧。通过控制器和群调群控策略实现对冷热负荷的柔性调控，取得显著的削峰填谷效果。

4）储能侧。在两个微电网分别建设 1000kWh 的储能装置，为光伏的削峰填谷和微电网离网运行提供电能保障，提高电能质量和供电可靠性。

（2）区域划分方案。

根据负荷重要性、负荷总量、光伏发电功率等因素，结合线路主干、分支情况，通过建设 3 台配电开关监控终端，将试点区域划分为 2 个供电分区，整体部署微电网控制系统，每个分区配备一台协同控制器，对本区域内的分布式光伏、储能系统等进行实时调控。在外部电网故障或内部故障时，通过灵活组合，可将区域划分为 1 个或 2 个独立运行微电网，保障区内负荷可靠供电。同时，通过不同区段内储能的协调配合，提升分布式光伏消纳能力。

（3）分区分布式协调优化控制。

在安全运行状态下，各分区控制器基于区内量测数据和区间分布式通信，实现区域配电网的分区分布式协调优化控制，确保配电网安全稳定和经济运行。配电网分区分布式协调优化示意图如图 15-16 所示。

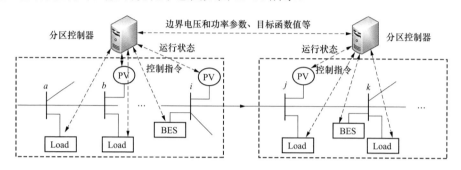

图 15-16　配电网分区分布式协调优化示意图

分区控制器采集分区内储能系统、分布式光伏和负荷的运行状态，感知区内配电网运行状态，并与相邻分区通信交流边界电压和功率参数以及目标函数值等，通过分区分布式优化计算，求得分区内各设备的优化控制指令，并下发给各个设备。分区分布式协调优化控制的目标函数为各分区电网在安全运行约束下最优化经济运行，指标包括网络损耗最小、分布式光伏发电损失最小以及储能系统的充放电损失最小等。分区控制器间可采用交替方向乘子法实现分布式优化计算。考虑到通信时延，分区分布式协调优化控制的控制周期为分钟级。

（4）分区微电网孤岛运行。

当电网发生故障时，各分区微电网间的馈线开关断开，各分区控制器以区内储能系统为平衡电源，对储能系统、分布式光伏和需求响应负荷的功率进行实时控制，实现分区微电网孤岛运行，维持重要负荷持续供电。分区微电网孤岛运行示意图如图 15-17 所示，各分区控制器分区自治而无交互、分区微电网间馈线开关断开而无功率传输。

在分区微电网孤岛运行模式下，各分区内的储能系统采用电压频率 V-f 控制方式，维持分区微电网内的电压和功率平衡，而分布式光伏采用恒功率控制。同时，分区控制器基于储能系统和分布式光伏的发电功率，评估负荷供载能力，保证重要负荷的长时间稳定供电。

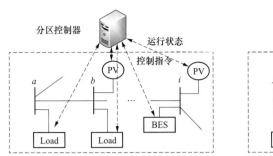
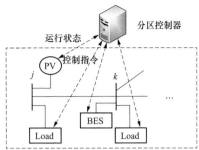

图 15-17　分区微电网孤岛运行示意图

2. 技术特征

（1）高可靠供电保障。外部故障情况下，可通过故障隔离快速实现微电网 1 和微电网 2 的联合组网，保障内部负荷供电；内部故障情况下，也可通过内部分区组网，实现灵活供电，同时保障分布式光伏的消纳。

（2）数字化技术支撑。基于有限低成本量测，采用数据驱动技术对区域电网运行状态进行潮流分析和状态感知，克服物理模型不精确、详细参数无法获取等实际困难。

三、效益分析

项目立足于偏远地区面临的可再生能源接入、多元化负荷增长与薄弱网架结构之间的矛盾问题，从数据驱动的配电网源荷状态监测和态势感知方法、基于多时间尺度源荷预测的微电网自愈能力提升、基于自律—协同的配电网分布式自愈控制方法三个方面试点示范，建设基于数据驱动的智能微电网示范工程，推动"双碳"目标落实，助力乡村振兴发展。

（一）提高末端配电网供电灵活性和可靠性

项目以数据驱动技术为基础，构建数据驱动的配电网态势感知和物理模型辨识机制，有效克服配电网物理模型信息无法精确获取的现实问题。此外，构建面向偏远地区薄弱配电网的多源协调优化模型，以分区自治—群间协调为基础，提升配电网外部故障场景下的快速故障恢复能力，提升配电网自愈能力和供电可靠性。

（二）提升配电网投资效率效益

为解决新能源消纳、末端电压质量等问题，原规划在示范区域建设 35kV

219

配电站 1 座，新建主变 1 台，容量 3.15MVA，架设 35kV 线路 15km，计划投资 3270 万元。微电网示范项目总投资 860 万元，较常规方案节省投资 2410 万元，具有显著经济效益。

（三）具有显著的社会效益

项目以配电网态势感知、区域自愈控制和区域间协调优化调度技术为核心，提升配电网对可再生能源的接纳能力，助力煤改电战略的顺利实施，减少化石资源的消耗和温室气体排放，促进清洁能源体系建设。

第六节　微电网群调群控示范

为坚决贯彻中央决策部署，推进新型城镇化建设，促进农村地区清洁低碳转型。选取某典型村庄为试点，采用数字化主动电网技术，构建风、光、储多能耦合互补、冷热电群调群控的乡村级绿色智能微电网工程，形成绿色低碳、灵活高效、数字赋能的新型电力系统示范样板。

一、项目背景

"十四五"是全面推进乡村振兴、实现中华民族伟大复兴的关键期，是实现"碳达峰、碳中和"战略目标，推进能源生产和消费革命的重要窗口期。为服务社会主义现代化建设宏伟目标，推进新型城镇化建设，服务现代农村能源体系建设，选取典型村镇建设微电网群调群控系统，探索农村地区清洁低碳转型的新路径。

（一）区域概况及资源情况

1. 区域概况

本村庄是不通陆路的纯水区村，由 1 个主村和 14 个小村组成，共有居民 1242 户，总人口 4230 人，面积约 2km²，该村支柱产业以民俗旅游、淡水养殖和苇箔加工为主。

2. 能源资源条件

（1）气候条件。该村属于东部季风区暖温带半干旱地区，大陆性气候特点显著，四季分明。春季干燥多风，夏季炎热多雨，秋季天高气爽，冬季寒冷少雪。平均气温 12.1℃，日照 2638.3h，无霜期 203 天，平均降水量 552.7mm。

（2）风能资源。该村年平均风速 5.0m/s，3、4 月较大，但总体风能资源较差。同时，为保障冬季风力传输通道畅通，整体限制发展风电。

（3）太阳能资源。该村日均峰值日照时数 8.8h，日照总时数为 3683h，水平面总辐射年度总和为 1771kWh/m²，属于二类太阳能资源区。

（二）电网概况及存在问题

该村目前只由一回 10kV 线路供电，导线型号为 LGJ-50mm² 裸导线，共有配电变压器 10 台，容量 2200kVA，夏季最大负荷约 1500kW，冬季最大负荷约 800kW。为落实清洁取暖工作要求，2021 年对该村 1448 户村民实施"煤改电"工程，现状电网无法满足新增用电需求。传统的架空改造方案需进行水中立塔，电网建设投资大、施工难度大，且穿越生态红线，不符合生态环境治理和保护等相关要求。若采用水下电缆敷设方案，同样会破坏水区生态，并且在日常清淤工作中存在损坏风险，电力紧急抢修难以快速到达现场，影响居民正常用电。

采用常规电网建设思路，将导致设备利用率进一步降低，影响投资效益。只有从根本上改变电网发展和运行管理思路，应用新的配电网技术和数字化、智能化手段，创新构建乡村级新型电力系统，通过源网荷储协同运行控制和微电网群调群控，促进区域配电网互联互济，提升区域电网内部自平衡能力、供电可靠性和新能源消纳能力。

二、解决方案

（一）整体思路

本工程运用能源互联网思维，秉承"清洁取暖、绿色用能"的规划原则，建设风、光、生物质能源侧供给系统，建设包含低压直流，智慧精品台区，一、二次融合开关等技术的坚强智能配电网，并通过云边协同、群调群控策略，构建风光储协调互补、冷热电群调群控的微电网群系统，既达到了传统电网改造的预期效果，又能形成绿色共享、柔性高效、数字赋能的乡村级新型电力系统。

（二）详细方案

1. 能源网架体系

根据区域资源情况，电源侧建设以光伏发电为主、风电为辅的供电系统，预留生物质发电接入位置；电网侧建设智慧精品台区，地埋配电变压器，一、二次深度融合开关，低压直流微电网和电网侧储能；负荷侧创新开展低压柔性负荷控制，实现电动车、电动船、空气源热泵电采暖等可控资源与网源智能互动。能源网架体系示意图如图 15-18 所示。

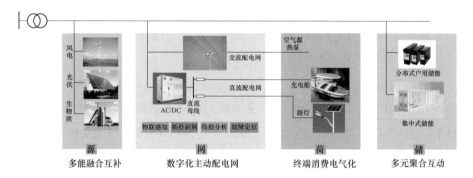

图 15-18 能源网架体系示意图

（1）全绿时段分析。根据调研结果，区域可安装光伏装机总容量 920kW，风力发电机 5kW；以新能源 100%消纳为目标，测算集中式＋分布式储能需求 3300kWh。结合区域分布，在民俗村、学校、码头广场三个区域分别建设子微电网工程，重点打造民俗村（直流屋、智慧精品台区）和码头广场（低压直流示范、智慧精品台区）2 个特色示范点。采用微电网规划设计仿真软件进行随机生产模拟，测算 5 月负荷低谷期间，可实现全村连续 86h 的离网绿电供应。

（2）子微电网建设方案。微电网结构示意图如图 15-19 所示。

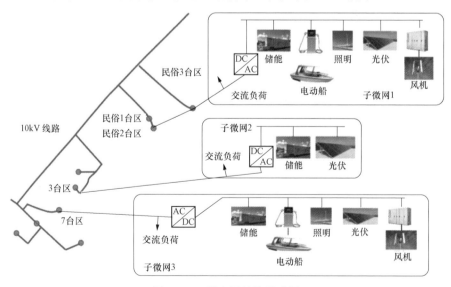

图 15-19 微电网结构示意图

1）民俗村微电网。电源侧配置 250kW 光伏、2kW 风电、700kWh 台区级集中式储能，6 套户用光储系统（2kW 光伏＋3kWh 储能）；电网侧建设 1 个智慧精品台区；配置 2 个快速充电桩，满足电动船、电动车充电需求；用户侧实现空气源热泵柔性负荷控制；预留生物质发电接入位置。将民俗村博物馆，改造为全直流供电示范屋，实现"绿能魔盒"落地应用。民俗村微电网电气示意图如图 15-20 所示。

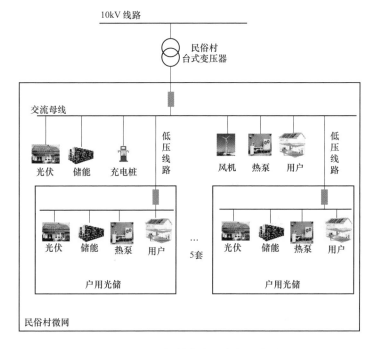

图 15-20　民俗村微电网电气示意图

2）学校微电网。建设学校级微电网示范点，电源侧配置 140kW 光伏、1kW 风电、1000kWh 台区级集中式储能，可满足 1800m^2 学校电采暖用电需求，实现停电不停暖。学校微电网电气示意图如图 15-21 所示。

3）码头广场微电网。建设码头广场微电网示范点，电源侧配置 530kW 光伏、2kW 风电、1600kWh 台区级集中式储能，电网侧建设 1 个智慧精品台区和直流配电网，负荷侧满足 10 个直流照明灯、2 个充电桩等直流负荷用电和 1 组电动车充电桩用电需求，服务电动船、电瓶车、小型电动运输车或电动自行车，实现全村空气源热泵柔性负荷控制，预留生物质发电接入位置。码头广场微电

新型配电系统技术与发展

网示意图如图 15-22 所示。

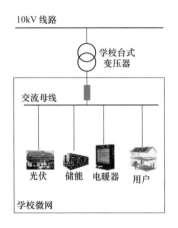

图 15-21　学校微电网电气示意图

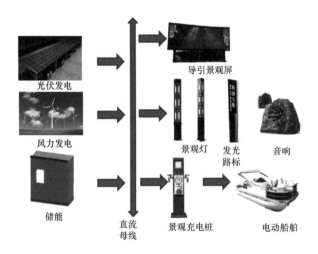

图 15-22　码头广场微电网示意图

（3）一、二次深度融合开关。在该村主干线某杆塔上加装一、二次深度融
合柱上开关，具备 10kV 线路电气量采集功能及快速故障处理功能，通过光纤
接入 1500kWh 储能处理器，实现数据交互。

（4）智慧精品台区建设工程。在码头广场、民俗村分别建设 1 个智慧精品
台区，对配电变压器、低压柜、低压分支箱、低压客户侧进行物联化改造，低
压侧加装能源控制器、智能分支开关、蓝牙断路器等智能化设备，实现设备运
行在线监测、台区线损精益管理、台区拓扑自动识别、台区运行监测等；用户

侧电能表加装 HPLC 模组，更换老旧表箱，试点建设新型模组电能表和智慧表箱，挖掘智能电能表数据价值，实现客户侧用电负荷辨识及优化等功能，有效支撑公司对内应用及对外服务。智慧精品台区示意图如图 15-23 所示。

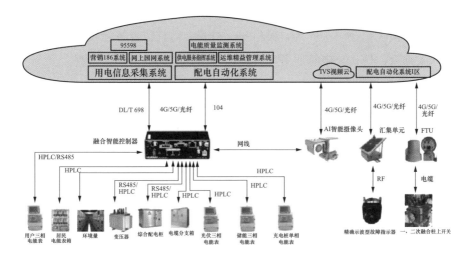

图 15-23　智慧精品台区示意图

（5）低压直流示范工程。在码头广场建设低压直流示范工程，灵活接入分布式光伏、储能等电源设施，沿码头广场建设直流路灯、直流充电设施和直流展示屏，打造全绿电直流示范码头。在民俗村选取博物馆改造成全直流供电系统，打造"最安全的供电示范屋"。低压直流示范工程如图 15-24 所示。

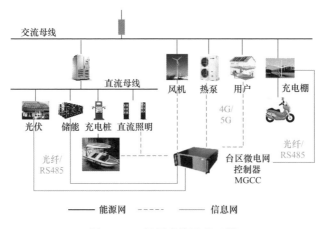

图 15-24　低压直流示范工程

（6）用户侧电能替代。创新开展低压居民负荷感知及服务功能，完成 1338 户空气源热泵煤改电，通过加装无线通信终端，具备功率柔性控制功能；安装 HPLC 模块，实现居民负荷的实时感知和非侵入式用能分析。

（7）用户侧能效体验。在码头广场依托低压直流示范工程，建设无感接触用电能效体验区；在码头广场、民俗村、村委会适宜位置各建设 1 套光伏伞，提供休闲乘凉、便捷充电等服务，打造以电为中心的能效体验景观。

2. 信息支撑体系

（1）通信系统。本工程的通信系统采用两层架构：底层微电网中央控制器（micro grid central controller，MGCC）与本地设备通信，上层 MGCC 与主控系统通信。底层通信系统中，本地微电网、10kV 储能系统各配置 1 台 MGCC；每台空气源热泵配置 1 台通信控制器。MGCC 和通信控制器均通过有线方式建立与底层设备的通信。其中一、二次融合开关通过 1 根 12 芯全介质自承式光缆接入 10kV 储能 MGCC；上层通信系统中，本地 MGCC、通信控制器等设备通过 4G/5G 无线方式与部署在云端的物管平台建立通信，物管平台和主控系统部署在同一个云服务器上，二者之间通过 Web Service 实现数据交互。

（2）微电网群调群控系统。主控系统提供可视化人机交互界面，实现微电网系统各设备运行状态可视可控和微电网群的群调群控。主控系统具备以下功能：

1）远端数据采集。主控系统能够采集各微电网系统实时运行数据和状态。

2）遥调遥控。主控系统能够对底层微电网进行远程控制和策略设置。

3）事件告警。主控系统提供多种告警方式，当系统出现模拟量越限、数字量变位、通信系统自诊断故障时，在监控界面弹窗并闪烁，通知管理员进行处理，在管理员处理完毕前，告警弹窗始终保持在窗口最上层。

4）人机交互。主控系统提供人机交互界面，对系统进行实时监控和历史数据处理。监控界面提供电气一次接线图，关键设备、开关状态可视可控。

5）运行控制。主控系统提供微电网群并离网切换控制、微电网群协调运行控制、离网下群调群控、分布式电源功率波动平抑控制等控制策略。

（3）微电网黑启动策略。外部电网故障时，码头广场子微电网、学校子微电网和农庄子微电网无缝切换为离网模式，保障微电网内负荷的可靠供电；10kV 储能进入黑启动模式，储能采用 V-F 控制模式启动，建立系统电压和频率，实现本村庄 10kV 系统黑启动带电；黑启动成功后，各子微电网无缝切换并入

10kV 系统，微电网内的储能系统切换为 PQ 控制模式。整村微电网群运行于主从控制架构，10kV 储能系统作为主电源，微电网内的储能作为从电源，协同各微电网内的光伏、风机，共同支撑村庄微电网群的可靠运行。微电网黑启动流程图如图 15-25 所示。

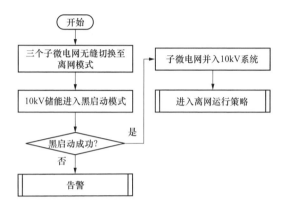

图 15-25　微电网黑启动流程图

（4）数字孪生电网全景展示系统。该系统充分融合电力物联网、BIM、倾斜摄影、虚拟现实等技术，将乡村实景与能源设施平行映射到数字孪生电网。利用人工智能、大数据形成了"配电网大脑"，对历史态、现状态、未来态电网进行管理，实现能源互联网全态量化评估、电网智能诊断等功能。同时，该系统提供了电网的全息模式，可以直观地掌握整个村庄的供能情况和电能的流向，基于此系统可以开展电网规划，系统运维等工作。

3. 价值创造体系

（1）实现能源供应清洁化。主动规划统筹岛屿风、光、生物质等绿色资源布局，基于水乡特色供电需求，优化区域能源供给模式，灵活建设集中式储能和户用分布式储能，提高可再生资源利用率。民俗村、学校、码头广场新能源发电量占区域用电量 12.8%、38.1% 和 34.7%。

（2）实现能源消费电气化。结合旅游观光特色，在码头水岸、学校、民俗村等景区或地点，建设交直流充电设施和清洁用能元素，推广空气源热泵取暖，打造绿色用能典范。电能占终端能源消费比重最终提升至 100%，打造全绿电示范村。

（3）实现控制运维智能化。实时监视电网运行信息，主动控制网络拓扑、电力设备和负荷侧资源。基于微电网控制服务系统，提供一键恢复供电、电压自治、并离网保护自适应等功能，为用户提供可靠电力服务。终端智能优化率100%，户均年均停电时间减少45%。

三、效益分析

示范工程用更加经济有效的手段解决了清洁取暖需求，达到了传统电网改造同样的效果，提高了农村电网对清洁能源和多元化负荷的接纳能力；通过应用全景智能系统等数字化手段，构建数字孪生电网，形成绿色共享、柔性高效、数字赋能的乡村级新型电力系统。

（一）构建数字化主动电网

1. 主动规划经济可靠

本地分布式能源全额消纳，离网运行时全村最长连续运行38.37h，每年可减少燃煤2080t，减少二氧化碳排放5184.4t。

2. 主动控制安全智能

实时监测并预测储能、光伏、风电及线路负荷、热泵负荷数据，提出能源优化控制策略，实现群调群控，各微电网通过本地控制系统实现无缝切换。

3. 主动感知互联互通

实现10kV线路及13类配电台区智能设备全感知，终端智能化率100%，提升台区变压器利用率5%，降低线损约1%。

4. 主动管理协同高效

依托微电网控制系统、全景智能系统等平台，提升管理水平，年户均停电时间将减少80%，年供电可靠率达到99.94%。

5. 主动服务友好便捷

电能终端消费占比100%，依托多元电力数据拓展客户用电增值服务，打造"主动运维、主动服务"供电服务模式，保障客户安全、高效、智慧用电。

6. 主动响应互利共赢

负荷柔性控制率达到20%，可以实现源网荷储资源优化配置和多元主体灵活互动。

（二）经济社会效益

相较于传统电网改造方案，在效果相同的前提下，新型电力系统村级示范工程至少可减少电网基建投资 700 万元；搭建智慧精品台区，实现营配数据融合贯通、设备状态全感知、故障自动监测、快速处理，提升设备运维水平，每年每台区可节省人工运维费用 5 万余元。

第七节　综合能源微电网典型示范

根据太行山区某新农村规划以及当地的资源禀赋，结合红色场馆零碳智能化建设需求，建设以分布式屋顶光伏为主体，以柔性交流微电网、交直流混联微电网、适应新型电力系统的微控中心和数据孪生展示中心为特色，融合多源储能、V2G 充电桩等先进电力技术为一体的综合能源项目，形成"零碳"红色教育基地，助力"双碳"目标和乡村振兴战略的实施。

一、项目背景

太行山革命老区有得天独厚的红色背景，抗战期间，中国人民抗日军政大学（简称抗大）由延安辗转迁址至此，朱德、邓小平、刘伯承、罗瑞卿、何长工及抗大学员曾在这里学习、战斗，为新中国的成立做出了巨大贡献。该地区植被覆盖率达 94.6%，有"太行山最绿的地方"之美誉，当地居民收入以自产农产品为主。

山区已"用上电"，但未"用好电"，多个村庄依靠一条 10kV 线路供电，由于山区天气多变和植被茂盛，树枝砸线导致线路跳闸的现象时有发生，整体供电可靠性低；但山区又面临着负荷分散，电网建设投资效益差的问题，无法靠大规模投资和电网建设解决现有问题。随着旅游业、特色农业发展，冷库、民宿等重要用电场所增多，用电负荷快速增长且更为分散，现有电网发展模式已不适应区域发展需求。通过建设多能多源综合能源互联网，可积累山区微电网建设经验，为后续山区电网发展提供新的技术路径。

（一）区域概况及资源情况

1. 经济社会发展概况

该区域主要以山区、丘陵地形为主，约占全市总面积的 30%，其中林地面积 1335km²，草地 791km²，园地面积 553km²。革命老区面积 2663.8km²，总人口 40.438 万。2020 年 GDP 为 96.939 亿元，同比增速 3.31%。

2. 能源资源条件

（1）气候条件。该区域属于暖温带亚湿润季风气候，四季分明，年内温差大，降水集中。年平均气温在 12～14℃，其中 1 月为最冷，平均气温在 -2℃ 左右，极端最低气温可达 -20℃；7 月最热，平均气温为 27℃，极端最高气温可达 41℃。春季多扬尘风沙，气候干燥；夏季炎热多雨，气温潮湿；秋季天气稳定、气候凉爽；冬季雨雪偏少、干燥寒冷。

（2）风能资源。该区域西部和东部风能资源较为丰富，中部略低，其中西部地区年平均风速达到 7m/s，风能资源最为丰富。

（3）太阳能资源。该地区太阳能资源较为丰富，适合开发分布式光伏项目。该区域村庄屋顶可敷设光伏的有效面积为 10380m²，冷库屋顶可敷设光伏的有效面积为 2200m²，车棚顶可敷设光伏的有效面积为 600m²，红色场馆屋顶可敷设光伏的有效面积为 575m²。

（4）秸秆气资源。该区域建有秸秆气化站，有产气锅炉两座，储气罐两座（1000m³），占地面积 4000m²，每天产气约 2000m³。结合当地现有气站设施条件及秸秆资源不完全统计数据，秸秆气化站有扩充产能的能力，预计产能可扩建 1.5 倍，可生产沼气 3000m³/天。

（二）电网概况及存在问题

该区域内 110kV 电网变电站 10 座，主变压器 20 台，容量 894.5MVA；目前大型光伏电站总共 12 座，总装机容量 602MW，水电站 1 座，装机容量为 4.2MW，其他集中式和分布式电站共 21.80MW。

目前区域电网存在如下问题：

（1）山区供电可靠性差。多个村庄依靠一条 10kV 线路供电，山区由于天气原因，风速较大，线路档距大，树枝砸线导致线路跳闸频繁，供电可靠性低。

（2）该区域清洁能源发展滞后。随着农村电能替代等措施推广，该村于 2018 年实施了煤改电工程，用电量增加 10%～20%。由于农民能源消费承受能力不高，易引发"返煤"等现象。同时，该区域清洁能源利用滞后，目前仅有秸秆气用于农民生火做饭，缺少其他类型清洁能源利用型式。

（3）电网投资经济性差。山区普遍存在负荷分散、负荷小等典型问题，由于近年来旅游、特色农业、民宿等负荷的增加，单靠投资建设传统电网投资经济性差，已不能满足当前负荷的发展需要。

二、解决方案

（一）整体思路

在"双碳"目标下，为探索适应山区特色的多源多储多区域综合能源服务和商业运营模式，实现微电网智慧管控和示范应用，解决该区域的用能成本高、清洁资源未有效利用等问题，选取区域某村开展综合能源微电网建设工作。

根据该村新农村规划以及当地的资源禀赋，结合红色零碳智慧场馆建设，建设以分布式屋顶光伏为主体，以柔性交流微电网、交直流混联微电网、适应新型电力系统的微控中心和数据孪生展示中心为特色，融合多源储能、V2G 充电桩等先进电力技术为一体的综合能源项目，实现区域多能耦合互补和微能网协调优化运行。

（二）总体方案

1. 项目概况

（1）项目地点。项目位于西部山区某村，村庄大体呈矩形布置，东西长约600m，南部宽 250m，现有农户约 385 户。村委会及酒店位于村南部，村委会附近有秸秆气化站一座，村北约 250m 处食品厂一座。村东部约 200m 处为红色场馆。生态旅游区位于村南 500m。

（2）项目区域现状及发展潜力。该村主要由 1 条 10kV 线路供电，单辐射接线方式，该线路包含 2 条大分支线路，最大负荷 2.06MW，最大负载率30.76%。该村现有居民 385 户，配电变压器 3 台，总容量为 1000kVA，其中1、3 号配电变压器配电变压器容量为400kVA，2 号配电变压器配电变压器容量为200kVA配电变压器；2020 年最大负荷 290kW，全年用电量 58 万 kWh。该区域现有 2个大用户，某食品公司用户，其冷库专用变压器容量为 250kVA，全年用电量16.5 万 kWh，年运行时间为 8 月至次年 3 月，其他时段用电量少；某红色场馆用户，台区容量 400kVA，最大负荷为 240kW，年用电量 35 万 kWh。

目前，该区域用电负荷较小，但红色场馆、食品厂冷库等负荷对供电可靠性要求较高；同时，区域光伏等可开发清洁能源种类较多，呈现小规模集中等特征，可探索建立多能多源综合能源互联网，积累山区微电网建设经验，为后续山区电网发展提供新思路。

2. 项目建设内容

电源侧建设以分布式光伏发电为主、秸秆气发电、风电为辅的供电系统，

利用村内民居、食品厂冷库及红色场馆等建筑物屋顶，新建分布式光伏约
1.27MWp。新建秸秆气发电，装机容量180kW；选择适宜地区，建设分布式风
电示范项目。电网侧实施村级电网改造，提升区域供电能力。负荷侧新建冰蓄
冷装置，最大负荷300kW；新建光伏车棚及V2G充电桩，实施红色零碳智慧
场馆改造，提升终端电气化水平；配置136kW/272kWh电源侧储能，平抑新能
源发电的波动性；配置200kW/400kWh用户侧储能，满足用户高供电可靠性需
求。同时，建设微控中心和数字孪生展示中心，实现多能多源综合能源互联网
多能聚合互动和全景展示。

（1）电源侧建设方案。

1）分布式光伏。通过采用SolarGIS的卫星数据对项目所在地区的太阳能
资源进行分析，该区域场区太阳能资源有较高的开发利用价值，适合开发分布
式光伏项目总规划容量1.36MWp，其中村内和停车场光伏装机为1090kWp，
红色场馆70kWp，食品冷库屋顶200kWp；并网电压等级采用380V，共5个并
网点（该村配电变压器台区3个、冷库1个、光伏车棚1个），每个并网点设置
1面光伏并网箱；组件采用500Wp单晶硅PERC光伏组件，民房及冷库屋顶每
20块组件一串，每20串接入一台70kW逆变器逆变为交流380V；光伏车棚每
20块组件一串，每6串接入一台36kW逆变器逆变为交流380V，逆变器接入
光伏并网配电箱。其电气方案图如图15-26所示。

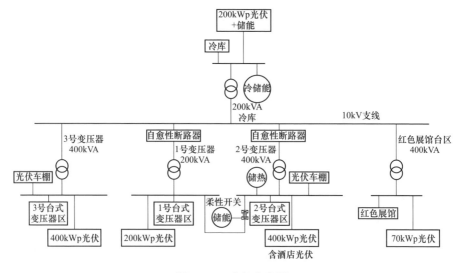

图15-26 电气方案图

2）秸秆气发电供热。该村秸秆气化站建于 2008 年，建有产气锅炉两座，储气罐两座（1000m³），占地面积 4000m²，秸秆气化管网输送到各家各户，每户配备秸秆气专用炉灶和气表，每天产气约 2000m³。目前秸秆气仅用于农民生火做饭，未充分释放清洁能源供热潜能。规划扩建秸秆气发电供热系统，设计两台秸秆气发电机组，装机容量为 2×90kW，利用生物质发电机组的排烟余热及缸套水余热，生产蒸汽和热水作为供热热源，并向村委会酒店供热。

（2）配套电网建设改造方案。在该村 1 号台区与 2 号台区之间建立低压互联示范项目，配置 400kW 可控电力电子变换器柔性开关，代替传统基于断路器的馈线联络开关，实现馈线间常态化柔性"软连接"，提供灵活、快速、精确的功率交换控制与潮流优化能力。柔性开关箱布置于 A 村村北部，箱体配置消防、监测设施。

正常运行情况下柔性开关为打开状态，各配电变压器为分列运行状态，其中 1、2 号配电变压器由柔性开关连接，当中一台配电变压器发生故障时，柔性开关投入，负荷由相邻配电变压器供电。

（3）储能系统。

1）电化学储能系统。项目规划配置 200kW/400kWh 储能，用于提高该村 1、2 号配电变压器所带用户的供电可靠性，储能设备采用预制舱集中布置；分布式屋顶光伏配套 136kW/272kWh 储能，用于平抑新能源发电的波动性，提高新能源消纳率，储能设备采用分布式储能装置，布置于各光伏并网箱内。

正常运行时，储能装置利用峰谷价差，在电网负荷低谷时充电，以谷时电价购买电能并吸收储存，在电网负荷高峰时充当电源，以峰时电价向电网释放电能。当外部电网故障或需要时，储能装置与外网断开单独运行，维持其所有或部分重要用电负荷供电。

2）冰储冷系统。该区域食品有限公司冷库，从事板栗深加工生产、速冻栗仁和仓储业务。其冷库由两间速冻间（设计温度−28～−30℃），一间冷藏间（设计温度−15～18℃），四间高温储藏间（设计温度−5～5℃）组成，使用时间为 9 月份至来年 4 月。

冰蓄冷方式是将光电转化为冷能向冷库供冷，制冷可利用光伏余电或夜间低谷电蓄冷，实现电网削峰填谷。具体可选择乙二醇为载冷剂，通过制冷循环系统、蓄冷剂循环系统和保鲜库制冷系统 3 个循环系统实现蓄冷。白天压缩机组通过制冷循环将蓄冷剂循环系统中的蓄冷剂进行蓄冷，将冷能储藏在蓄冷箱中；夜晚蓄冷箱向高温储藏间释冷。根据调研资料显示，冰蓄冷最大冷负荷为300kW，选用两台制冷压缩机，每台制冷量150kW。蓄冰采用外融冰装置。制冷压缩机总耗电量约为115kW，附加上附属设备总耗电量约为140kW。冰储冷原理图如图 15-27 所示。

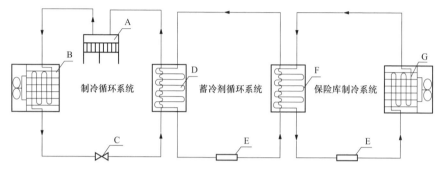

注：A.压缩机，B.风冷冷凝器，C.膨胀阀，D.板式换热器，E.水泵，F.乙二醇蓄冷箱，G.蒸发器。

图 15-27　冰储冷原理图

（4）用户侧系统。

1）零碳红色智慧场馆。区域红色场馆尚未建立综合能源管理系统，中央空调、照明系统等电气设备智能化水平较低，能源使用存在改进空间。该工程采用"光伏＋智慧楼宇"模式，打造零碳智慧用能场馆，开创了国内"红色"教育基地建设新模式。

该红色展馆屋顶分为 5 个区域，其中 A 区域被 B 区域遮挡，E 区域被树遮挡，屋顶光伏资源不可利用。在 2、3、4 号展厅屋顶建设屋顶光伏，光伏总容量为 70kWp，加上相邻村内的部分光伏，年发电量可达到 350MWh，光伏发电量占红色展馆用电量约 100%。

2）V2G 充电桩。充分利用停车场现有场地条件，结合功能分区划分情况和运营需求，合理布置 V2G 充电桩，提供削峰填谷等电网辅助服务，促进可再生能源发电的就地消纳。V2G 充电桩设计思路示意图如图 15-28 所示。

该村东西侧各有一个停车场，西侧停车场面积 30m×40m，可建设停车位约 42 个，东侧停车场面积 40m×60m，可建设停车位约 84 个。考虑到区域以家用车为主，采用 60kW 快充桩与 2×7kW 慢充电桩互相搭配模式，适应不同电池容量充电需求。规划配置 5 台双接口 60kW 交直流充放电桩，5 台双接口 2×7kW 交流充电桩。充电桩采用分散式接入方式，采用交流 380V 进线，就近接入电网。

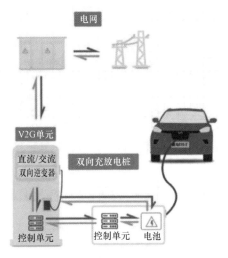

图 15-28　V2G 充电桩设计思路示意图

考虑到区域电动自行车充电需求，规划在东西两个停车场建设电动自行车和汽车车棚光伏项目，光伏组件总装机容量 90kWp，车棚光伏发电经组串式逆变器接入 400V 并网，采取"全额上网"模式。充电桩双向功率变换系统原理如图 15-29 所示。

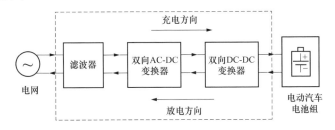

图 15-29　充电桩双向功率变换系统原理

（5）通信及控制方案。

1）微电网控制中心建设。结合该村实际情况，在区域供电所建设微电网控制中心，实现多源多能综合能源系统的运行监测和集中管控。微电网能量管理系统采用分区分层控制方案，将总体区域划分为 1、2、3 号供电区和展馆 4 个供电分区，分布式发电和冷库等用电负荷就近并入供电分区统一管理。微电网控制中心建设示意图如图 15-30 所示。

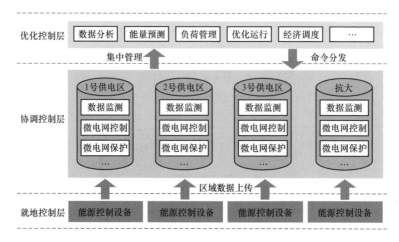

图 15-30　微电网控制中心建设示意图

整个微电网能量管理系统分为就地控制层、协调控制层和优化控制层三层：就地控制层负责数据采集和底层设备的运行，协调控制层负责区域内数据监测及区域内能量管理，优化控制层负责统筹各区域间的能量集中管控，并将命令分发到各个区域执行，实现配电网故障隔离和自愈重构。

2）数字孪生展示中心建设。建设数字孪生展示中心，通过安全防护装置与微电网控制中心进行信息交换，通过隔离安全防护装置从用采系统及配电网自动化系统获得相关数据，实现对用户的展示。数字孪生展示中心具有实体三维重构、三维动态监测、CAVE 沉浸式动态展示等功能。

一是实体三维重构。首先，通过三维测绘技术，采集微电网高精度三维数据，基于柔性交流微电网、交直流混联微电网示范项目的设计参数，建立微电网三维模型；然后通过二、三维坐标转换和数据建模，将三维模型与微电网设备的光谱信息进行融合、映射，形成微电网实景三维重构模型。实景三维重构模型与物理微电网外观一致、坐标一致、属性一致，模型精度达到测绘级，实现微电网实景三维的快速重构，为微电网基于大数据分析的趋势预测和故障预警提供基础。

二是三维动态监测。基于实景三维模型，部署监测设备，采用空地结合、动移结合等方式，实现监测范围内温升速度异常、温度分布异常、设备偏移、设备沉降、设备破损及地质灾害等安全风险的监测与预警。

三是 CAVE 沉浸式动态展示。基于数字孪生场景，通过智能巡检系统和数据融合产生的海量数据，实现沉浸式动态展示，完全进入虚拟的微电网"现场"，以模仿实际巡检的方式，对所有设备进行可视化查看，多角度多视角对设备的运行信息、状态评估信息进行巡视查看，并可随时调用相关设备的台账信息、历史检修记录、历史采集数据曲线等信息，借助原始图片数据进行设备状态判定，确认检测数据的有效性。虚拟漫游、沉浸体验有助于在数字孪生环境中快速确定突发事故点或目标设备最佳观测位置，实现临时应急任务快速生成，促进前后方人员业务协同，紧急处理突发的事件。

3）通信方案。该村每个片区之间的通信连接采用无线传输技术，通过无线远程监控系统对现场光伏发电站进行实时监测和控制，实现光伏发电站的远程在线监测、日发电量统计、站点工作状态确认和优化运行。无线远程监控系统由 UPS 电源、通信管理机、网络摄像头、路由器、手机客户端（App）和服务器等主要部分组成。通信方案图如图 15-31 所示。

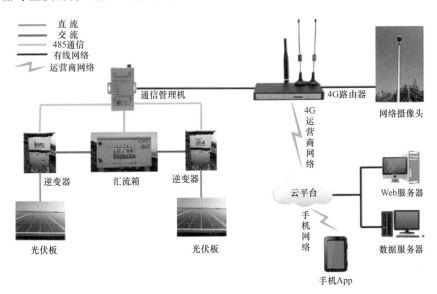

图 15-31　通信方案图

三、效益分析

通过该项目建设，能充分开发利用当地可再生清洁能源，推动"双碳"目标落实,助力乡村振兴发展。

（一）技术指标提升

1. 电网运行可靠性显著提升

系统供电可靠率由 99.80%提高至 99.98%,提高了红色场馆、食品厂冷库等负荷的供电可靠性。

2. 新能源开发利用水平显著提升

通过建设分布式光伏、秸秆气等发电系统,并设置储能装置,通过台区低压互联实现新能源发电就地消纳。

（二）经济社会效益明显

1. 建设能源互联网,实现综合能源的先行示范

建设以农村分布式光伏为主体,多种储能形式互补的多能多源的能源互联网,实现微电网智慧管控,积累山区微电网建设经验,为后续山区电网建设提供新的技术路径。

2. 建设"零碳"红色教育基地,推广"3060双碳"战略

区域红色场馆作为"全国爱国主义教育示范基地",每年都迎来大量的参观人员。红色场馆实现全绿电供应,形成"零碳"红色教育基地,有助于推广"双碳"理念和扩大能源互联网的社会影响。

第八节　交直流互联柔性配电网典型示范

为适应新型电力系统建设及整县屋顶分布式光伏开发需求,满足现代化农业农村高品质供电需求,促进现代化农村能源体系建设,建设低压交直流混联配电网示范工程,试点分布式光伏直流并网技术,实现光伏发电直发直储直用,解决交流传输距离不足的难题,提高系统运行效率;并通过多配电变压器台区低压柔性互联,实现配电变压器容量共享,进一步提升区域供电能力和分布式光伏消纳能力。

一、项目背景

2021 年,党中央提出全面推进乡村振兴加快农业农村现代化的意见,提出举全党全社会之力加快农业农村现代化,让广大农民过上更加美好的生活。随

着乡村振兴战略实施和农业农村现代化建设，乡村用能需求、方式和结构均将发生显著变化，对电力供应能力和综合承载能力提出更高要求。然而，农网 10kV 电网结构薄弱、线路联络率低、供电面积大，同时负荷分散、负荷密度较低，传统加强电网建设、提高联络率的发展模式将导致配套电网投资大、设备利用率低。针对上述问题，选取某县为试点，积极谋划低压交直流混联电网示范项目，探索乡村振兴背景下新能源为主体的乡村电网发展新模式。

（一）区域概况及资源情况

1. 经济社会发展概况

该县辖区面积 573km²，南北跨度 27km，东西跨度 25km，辖 7 镇 1 个省级经济开发区，197 个行政村。2020 年该县 GDP 达到 94.7 亿元，土地面积达 573km²，年末总人口达到 28.6162 万人，人均 GDP 达到 3.31 万元/人，城镇化率为 44.92%。

2. 县域产业分析

近年来，该县按照"生态立县、绿色崛起"总要求，着力培育特色产业，全力推进县域经济实现跨越式发展，大力发展质量农业、品牌农业、绿色农业、科技农业，初步形成了蔬菜、畜牧、乐器工艺品和轻纺服装等四条龙现代农业体系。

现代农业生产科技含量高，灌溉、施肥、补光、加热、通风等自动化设备应用较多，对供电品质提出了较高的要求。

3. 能源资源条件

（1）气候条件。该县属于暖温带亚湿润季风气候，冬季寒冷降雪少，春季干旱风沙多，夏季高温多雨，秋季天气晴朗，冷暖适中。年平均气温 12.5℃，年降水总量 510mm 左右。

（2）风能资源。该县年平均风速 5.4m/s，3、4 月较大，但总体风能资源较差。同时，为保障冬季风力传输通道畅通，整体限制发展风电。

（3）太阳能资源。该县日均峰值日照时数 4.3h（水平面），年峰值日照时数约 1570h，折算为日照总时数为 2242h（日照总时数＝峰值日照时数/0.7），水平面总辐射年度总和为 1250～1350kWh/m²，属于三类太阳能资源区。

（4）水资源。该县水资源主要为天然降水形成的地表水、下渗形成的地下水及县外流入境内的客水，县域水资源总量为 12853 万 m³，可利用水资源为

3757 万 m³。

（二）电网概况及存在问题

区域内主供电源有 220kV 变电站 1 座，主变压器容量 2×180MVA，110kV 变电站 5 座，主变压器容量 343MVA，35kV 公用变压器电站 6 座，主变压器容量 96.05MVA，10kV 公用配电变压器 4750 台，容量 555.070MVA。县域建成集中式光伏电站 1 座，容量 20MWp；生物质电厂 1 座，容量 3MW。分布式光伏 2712 户，总容量为 48.55MW。目前区域电网存在如下问题：

（1）电网设备平均利用率低但短时重过载问题突出。目前农村地区农排变年利用小时数不足 300h，居民生活综合配电变压器年利用小时数大多不超过 1000h，设备利用率较低。但在农业排灌高峰期间（春灌、迎峰度夏期间的 11:30—12:00 以及 18:00—19:00），农业灌溉负荷与居民生活负荷叠加，设备短时重过载问题突出。传统思路中，多采用电网增容扩建方式解决短时重过载，将导致设备利用率进一步降低，投资效益较差。

（2）农业农村现代化对电网供电品质提出新的要求。随着经济社会发展和农村生活水平提升，农村电商成为重要产业支柱，农业生产自动化、电气化水平逐年增加，恒压变频水泵、冰箱、电脑等用电设备以及相关信息支撑系统对供电可靠性和电能质量提出了更高要求。以现代化农业大棚为例，自动化生产以及保温层的定时起落均对供电可靠性提出了更高要求，一旦停电将造成自动化设备无法正常运行，影响农产品产量和质量，影响农民收益。

（3）屋顶分布式光伏建设对配电网形态提出新的挑战。一般农村用户屋顶可安装光伏容量约 5～20kW，当前农村户均配电变压器容量多在 2～3kVA，一旦配电变压器台区安装光伏的户数超过 1/4，就将超出配电变压器容量承载能力，引起各级电网增容改造。分布式光伏消纳问题成为制约整县屋顶分布式光伏发展的重要因素。同时，大量间歇性、不可控的分布式光伏上网消纳，将出现午间光伏大发期间电力潮流反送、傍晚光伏停运期间负荷需求增长等现象。分布式光伏在中低压电网层面的转移消纳引起配电网潮流无规律变化，对电网安全稳定运行带来极大挑战。

大规模分布式光伏接入后，采用常规电网建设思路，将导致设备利用率进一步降低，影响投资效益。只有从根本上改变电网发展和运行管理思路，应用新的配电网技术和数字化、智能化手段，构建新型电力系统，通过源网荷储协同运行控制，促进区域配电网互联互济，提升区域电网内部自平衡能力、供电可靠性和新能源消纳能力，提高配电网建设投资效益。

二、解决方案

（一）整体思路

以该县某供电所区域为示范点，以"生态农业、现代农电"为核心理念，以提高农村电网供电可靠性、新能源消纳能力和系统运行效率为目标，建设低压交直流混合微电网，打造多能微电网互通互济、多元负荷聚合互动、多层级电网协同发展的能源网架体系；建设云边协同控制、负荷精准管控、能源高效利用与农业自动化服务为一体的信息支撑体系；探索供电所新型运营模式，构建适应新型电力系统的价值创造体系，推动农村电网向能源互联网转型升级，助力乡村振兴发展。

重点开展多配电变压器台区低压直流互联、配电网投资优化策略、直流计量方法及装置、农业大棚光伏科学建设形式、非侵入式负荷监测、变电站退运电池活化及梯次利用、源网荷储综合协同控制等七项技术试点，打造投资省、效率高、可复制、易推广的高品质农业能源互联网典型示范工程，促进农业大棚与光伏产业融合发展、优化源荷储协同运行、提高供电可靠性水平、提升微电网系统运行效率、推动微电网与配电网协同发展。

（二）详细方案

1. 示范区概况

（1）"一核两翼"示范区选取。示范项目建设范围以某供电所惠农服务区为核心，以供电所西北 300m 左右的农业大棚生产区及供电所以南 1200m 左右的 C 村农民生活区为两翼，覆盖供电所综合配电变压器、大棚区域农排配电变压器、C 村综合配电变压器等 3 台配电变压器供电区域。示范区现状电网地理接线图如图 15-32 所示。

（2）示范区现状及发展潜力。区域供电面积 0.98km²，3 台配电变压器总容量 910kVA，2020 年最大负荷 497.6kW，供电量合计 114.35 万 kWh。区域内分布式光伏资源丰富，可开发光伏容量达到 1570kW。其中，具备光伏建设条件的农业大棚 11 座，可开发容量（远景年）660kW；商业及居民用户屋顶面积 100m²，可开发容量 800kW；供电所 1 座，可开发容量 110kW。区域交直流负荷类型众多，包括公共服务、办公、生产、生活等多种类型，综合接入电力营业厅用电设备、电动汽车充电桩、办公电脑、农排水泵、农业自动化设备、空气源热泵、厨房电器、照明等多种类型的交直流负荷。

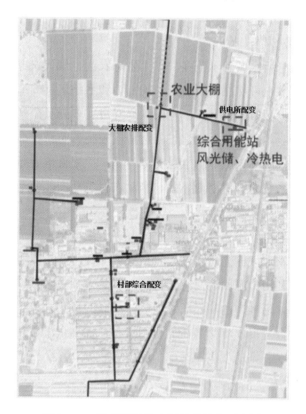

图 15-32　示范区现状电网地理接线示意图

（3）示范区电力供应需求。目前，该区域用电负荷较小，光伏可开发容量远远超过最大负荷需求，且呈现小规模集中、与负荷逆向分布等特征，光伏发电难以在本区域内消纳。但区域供电可靠性要求较高，区域内农业大棚生产自动化程度高，保温棉被依靠电机带动，每天起落，一旦停电将造成棚内温度失控，影响农作物生长甚至死亡。

2. 工程建设内容

区域低压交直流混合微电网包含惠农服务区、农业生产区、农村生活区 3 个子微电网，子微电网之间采用低压直流互联，将村内屋顶光伏接入农排配电变压器消纳，实现多配电变压器容量互补，阶段性提升农排变供电能力。利用光伏发电与农业灌溉负荷的同时性，平衡各台区用电负荷及新能源上网功率，解决配电变压器短时重过载问题，提升农排配电变压器综合利用率，降低配电网增容改造投资。通过多区域间功率互补，提升配电网运行可靠性，增加新能源消纳能力，实现光伏发电 100%就地消纳。

（1）能源网架体系建设。电源侧建设以分布式光伏发电为主、风电为辅的供电系统；电网侧建设低压交直流混合微电网和储能装置；负荷侧接入电动汽车充电桩、空气源热泵、办公电脑、农排水泵、农业生产自动化设备、厨房电器、照明等多种交直流设备，实现需求侧负荷管理与分布式电源及上级配电网的智能互动。低压交直流混联电网拓扑结构图如图 15-33 所示。

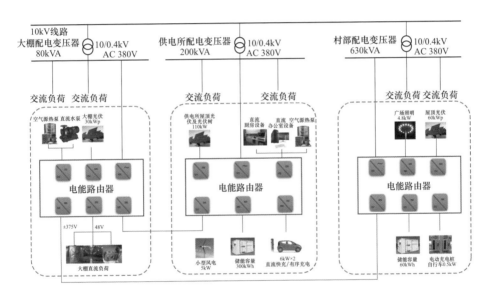

图 15-33　低压交直流混联电网拓扑结构图

1）惠农服务区子网，以供电所区域为主。电源侧建设分布式光伏 110kW，小型风机 5kW；电网侧采用 100kW 能量路由器联接低压交直流微电网，配置储能 300kWh（变电站退运铅酸电池），保障系统可靠供电并提升新能源消纳能力，直流微电网通过 100kW 换流器接入供电所配电变压器低压侧交流母线，实现功率双向互动；负荷侧接入供电所空气源热泵、充电桩、厨房用电设备、办公电脑、照明等多种直流用电设备，并实现交直流设备同网运行。惠农服务区交直流混联电网示意图如图 15-34 所示。

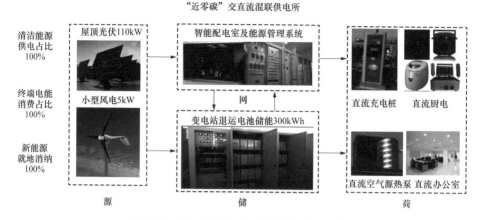

图 15-34　惠农服务区交直流混联电网示意图

2）农业生产区子网，以农业大棚为主。电源侧建设大棚光伏 40kW；电网侧采用 50kW 能量路由器联接低压交直流微电网，直流网通过 50kW 换流器接入当地农排配电变压器低压侧交流母线，交流电网为直流母线提供稳定电压支撑，直流系统为配电变压器提供可靠供电电源；负荷侧接入农排水泵，大棚卷帘门电机、照明、加热、排风等直流设备。

3）农村生活区子网，以农村支部区域为主。电源侧建设村支部屋顶光伏50kW；电网侧采用 100kW 能量路由器联接低压交直流微电网，配置储能 20kWh（磷酸铁锂电池），直流网通过 100kW 换流器接入村部综合配电变压器低压侧交流母线，实现功率双向互动；负荷侧接入当地的广场照明、电动自行车充电桩等直流设备供电，村内居民保持交流供电。

4）低压直流互联工程：三个区域子网之间建设直流主干联络线 2 回，其中 1 回为供电所与农业大棚直流母线柜之间互联，电压等级 375V；另 1 回为农业大棚与村支部直流母线柜互联，电压等级 750V，需经过电力电子设备变压。三个子网的直流母线柜互联后，实现光伏发电在不同区域间的互补消纳，提升系统运行灵活性；并通过直流网络实现交流台区间的低压互联，提高供电可靠性。

（2）信息支撑及价值创造体系建设。开发现代农业能源互联网管控系统，开展低压交直流微电网系统的优化控制，实现能源互联网内用户负荷与新能源出力的时空互补，降低能源互联网与配电网间的潮流波动，降低配电网运行峰谷差，减少建设投资需求，促进配电网精准投资。各系统间通过 4G/5G 技术实现系统信息传输。

集成农业自动生产控制功能、扩展"云农场"服务功能，整合已有的农排扫码用电服务功能，实现对农民用电的无感服务；同步采集农业大棚自动化生产控制系统信息，共享农业生产信息，推动"共享农业"发展，助力乡村振兴战略实施。

1）开发现代农业能源互联网管控系统。根据光伏发电特性，智能优化充电桩、空气源热泵及居民用电设备控制策略，并相应调整储能装置的充放电策略，实现微电网系统源网荷储协同运行，提升系统可靠性和运行效率。

2）试点应用非侵入式负荷监测系统。在村支部综合配电变压器台区所带的 86 户居民用户安装非侵入式负荷检测装置并与入户电表衔接，诊断数据结果通过 4G/5G 无线网络传输至供电所内部现代农业能源互联网管控系统。实现对用户设备用电情况的实时监控和能耗分析，从而制定合理的需求侧负荷管理策略，实现节能降耗，推进智慧农村建设。

3）开展农排扫码用电服务，提升光伏发电、农排用电和电网之间协同运行水平。借助互联网移动支付平台，客户使用智能手机 App 扫描电能表条形码或对应的二维码，实现电能表合闸用电、费用实时测算、电费自动扣款。用户通过手机 App 可以预约用电，供电所根据用户需求，结合光伏出力情况，可以在特定时段将光伏发电用于农业排灌，实现超配电变压器容量供电，为农户提供无感服务，提升用电体验，并提升光伏就地消纳能力。

4）集成数字化农业生产服务功能。同步采集农业大棚自动化生产控制系统相关信息，实现多产业信息资源的共享和综合优化；集成自动化农业生产控制功能，智能化控制不同大棚的排灌、施肥等设备，实现负荷均衡化；整合供电所已应用的农排扫码用电服务系统，实现农业排灌有序排队。协同控制光伏出力与农业生产负荷，借助光伏发电阶段性提升配电变压器有效供电能力，为农业生产提供充足的电力保障，并提升农民用电体验。

5）开发"云农场"综合服务功能模块。依托数量庞大的设备信息和农业区域地理、天气、农产品生产等信息，为用户提供乡村景观、采摘、体验等现代化旅游信息，实现农业生产信息、特色产业信息与能源管控信息的一体化采集、多样化应用和智能化共享。

（3）区域能源互联网基本控制策略。该项目基于多端口电能路由器对含有分布式光伏、储能和交直流负荷的微电网进行协调控制，实现不同台区功率不平衡情况下的功率互济控制。多端口电能路由器协调优化控制策略基于边缘计算架构进行设计，协调控制策略部署在主站（云），协调控制指令基于监测到的各台区光伏、储能、低压直流柔性负荷等数据分析结果生成，通过对不同台区电能路由器（边）的协调控制实现台区之间的功率互济。各台区电能路由器接收到主站协调控制命令后，通过对就地控制设备（端）进行控制实现台区内部光伏、储能和柔性负荷的协调优化。从而，最大限度地保证分布式光伏的消纳水平和电网的安全稳定运行。就地控制设备（端）主要是指分布式光伏换流器、储能电池管理系统和负荷控制装置等。

基于边缘计算的电能路由协调优化控制应用场景如图 15-35 所示。

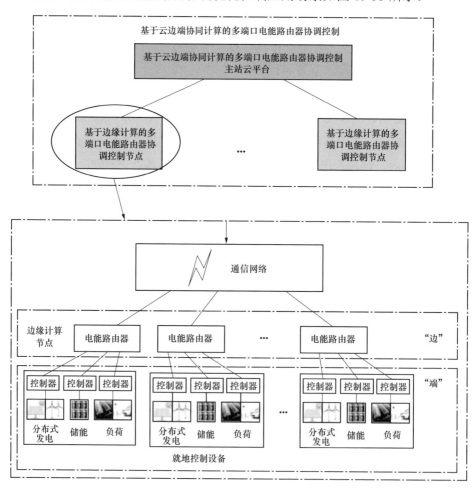

图 15-35　基于边缘计算的电能路由协调控制应用场景

1）电能路由系统级分层协调控制策略。系统级台区电能互济优化控制示意图如下所示，不同台区之间采用基于超短期负荷和光伏功率预测及储能装置荷电状态生成的分钟级台区电能互济定电流控制策略进行控制，各台区内部采用基于直流母线电压下垂的自治控制策略进行控制。系统级台区电能互济优化控制示意图如图 15-36 所示。

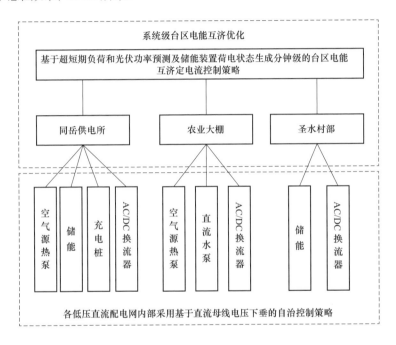

图 15-36　系统级台区电能互济优化控制示意图

2）负荷侧管理。提出基于多元协同调度的配电网灵活性提升优化方法，结合蒙特卡洛树搜索算法和各电气设备的启停时刻，计算当前时刻所属的目标时段内电气设备的总用电量，采用粒子群算法计算目标区域在目标时段内的净负荷量，配置配电网的储能可用电量和可中断负荷量，从而将电动汽车、空气源热泵、农排水泵等可控负荷由原来的无序用电改变为有序用电，不仅可以平抑配电网的波动，实现削峰填谷，还可以将电动汽车作为一种灵活性资源，与配电网的储能可用电量和可中断负荷量一同调配，提升配电网的运行灵活性。

3）电源侧控制。提出考虑风光等清洁能源大规模接入的混合动态经济调度方法，建立风电、光伏概率密度模型及电力系统运行的约束条件，在传统旗鱼优化算法中引入权重惯量、全局搜索公式与莱维飞行策略对其进行改进，提高算法的寻优能力与收敛速度；采用改进旗鱼优化算法对混合动态经济调度问题进行求解，同时考虑机组的阀点效应问题、斜坡率约束、功率平衡约束等约束条件，实现系统电源的动态经济调度，提高电力系统稳定运行与清洁能源渗透率，在保证电力系统调度灵活性的前提下降低电力系统的运行成本与污染排放，促进"双碳"目标落实。

三、效益分析

通过示范工程建设，促进农业大棚与农村能源互联网协同发展，推动"双碳"目标落实，助力乡村振兴发展。

（一）技术指标提升

1. 电网运行指标显著提升

系统供电可靠率由 99.82% 提高至 99.999%，满足高品质农业生产对供电可靠性的要求；通过分布式光伏直发直用，减少了交直流转换环节和升压消纳环节的能量损耗，电网运行效率提升 6%。

2. 新能源消纳能力显著提升

通过多台区低压直流互联实现新能源发电的低压远距离传输，实现本期分布式光伏发电 100% 就地消纳和远期分布式光伏 100% 低压系统消纳。

3. 能源清洁化水平显著提升

分布式光伏发电占系统总用电量的 60% 以上。供电所实现全电化和 95% 以上清洁能源供电，打造"近零碳"供电所。

（二）经济社会效益

1. 服务新型电力系统建设和"双碳"目标落实

系统清洁能源年发电量 25 万 kWh，折合标准煤 30.75 吨，减少污染气体排放 80 吨。

2. 服务现代农业发展和乡村振兴战略实施

通过"云农场"服务促进乡村旅游、农业体验、农产品预约生产、农业在线体验等农业多样化发展，助力乡村振兴战略落实。助力区域内农业大棚用户年增收 2 万～3 万元。

3. 节约配电网改造投资

实现源网荷储协同运行，促进区域用电负荷的均衡性，降低负荷波动，从而抑制配电网尖峰负荷，节省配电网线路、分支线路改造投资，提高配电网设备利用率，提升投资效益。本项目较常规电网改造投资节省 38.57 万元，节约比例达到 11%。

参 考 文 献

[1] 何晓洋，刘淼，李健，等. 基于需求侧响应的区域综合能源系统的低碳经济调度 [J]. 高电压技术，2023，49（3）：1140-1149.

[2] 周丽红，于浩，李鹏. 考虑居民热负荷主动需求响应的园区综合能源系统分布式优化运行方法 [J]. 电网技术，2023，47（5）：1989-2000.

[3] 朱建全，刘海欣，叶汉芳，等. 园区综合能源系统优化运行研究综述 [J]. 高电压技术，2022，48（7）：2469-2482.

[4] 胡江溢，郑涛，金玉龙，等. 计及用户决策不确定性与调频备用需求的空调负荷聚合策略 [J]. 电网技术，2022，46（9）：3534-3542.

[5] 李静，杨鹏程，韦巍，等. 交直流混联配用电系统多模式减排调控策略 [J]. 电力系统自动化，2022，46（9）：52-60.

[6] 董旭柱，华祝虎，尚磊，等. 新型配电系统形态特征与技术展望 [J]. 高电压技术，2021，47（9）：3021-3035.

[7] 徐谦，邹波，王蕾，等. 呈现集中—分布式形态的耦合协同型配电网架构研究 [J]. 电力自动化设备，2021，41（6）：81-92.

[8] 刘海涛，熊雄，季宇，等. 直流配电下多微网系统集群控制研究 [J]. 中国电机工程学报，2019，39（24）：7159-7167，7489.

[9] 李霞林，李志旺，郭力，等. 交直流微电网集群柔性控制及稳定性分析 [J]. 中国电机工程学报，2019，39（20）：5948-5961，6175.

[10] 赵海兵，张焕云，葛杨，等. 应用于总线型微电网集群的二阶与一阶分布式算法对比分析 [J]. 电网技术，2020，44（2）：539-549.

[11] 周晓倩，艾芊，王皓. 即插即用微电网集群分布式优化调度 [J]. 电力系统自动化，

2018，42（18）：106-113.

[12] 盛万兴，吴鸣，季宇，等. 分布式可再生能源发电集群并网消纳关键技术及工程实践
[J]. 中国电机工程学报，2019，39（8）：2175-2186.

[13] 吕鹏飞. 交直流混联电网下直流输电系统运行面临的挑战及对策[J]. 电网技术，2022，
46（2）：503-510.